열대과일 시리즈 I

두리안

DURIAN

열대과일 시리즈 I

두리안

DURIAN

박준근 · 안기완 · 안영상

J. K. Park, K. W. An, Y. S. Ahn

전남대학교출판부

Chonnam National University PRESS

서 문

최근에 지구는 기후 온난화(溫暖化)의 영향을 크게 받고 있다. 지구 표면의 온도상승은 해수면 상승을 초래하고, 이는 다시 강수량 패턴을 변화시켜 가뭄, 홍수 등의 기상이변을 일으키고 있다. 또한 기후 온난화로 인한 빙하후퇴와 생태계 변화 등은 우리의 삶에도 영향을 주고 있다.

우리나라에서도 지구 온난화의 영향으로 각종 작물의 재배지가 북상(北上)하고 있다. 예를 들면 강원도의 최북단 고성군에서 녹차, 그리고 무엇보다도 제주도에서는 열대과일인 망고(Mango)가 이미 생산되고 있다. 이러한 상황과 추세를 감안하여 농촌진흥청에서는 국내에서 재배가 유망한 아열대 과수(果樹)인 망고(Mango), 골드 키위(Gold Kiwi), 패션 푸르트(Fashion Fruit) 등 과일 5종과, 아티초크(Artichoke), 오크라(Okra), 인디언 시금치(Indian Spinach), 차요테(Chayote) 등 채소 10종을 농가보급 대상으로 선정하였다. 따라서 다양한 아열대성 작물이 조만간 농가에 보급될 전망이다. 이제는 자연적인 기후 하에서는 물론이고, 산업단지에서 폐열(廢熱)을 이용한 에너지 절약형 온실에서 열대작물의 재배를 시작하고자 하는 사례가 증가할 거라고 예상된다.

그러함에도 불구하고 우리나라에서는 기후변화에 대응한 열대작물 소개 및 재배에 관한 서적이 거의 없는 실정이다. 본서의 저자들은 이와 같은 기후변화를 감안하여 '**과일의 왕**'이라고 하는 **두리안**(Durian)에 대한 책자를 공동으로 마련하고자 하였다. 두리안에 대한 수요가 증가하고 있고, 열대과일에 대한 관심이 높아지고 있는 상황에서 열대과수의 재배가 보편화되기 전에 필요한 책자가 앞서 출간되어야 한다는 의미에서이다. 본 저자들은 최근 말레이시아, 미얀마, 태국 등을 직접 방문하거나 지인들을 통하여 두리안에 대한 자료와 사진을 수집하였으며, 각종 웹 사이트(website)와 문헌을 탐색하여 준비한 내용을 정리해서 책으로 발간하게 되었다. 특히, 안병호 함평군수와 김성모 회장, 오광인 전남대 명예교수, 오산원 박사와 장순영 사장 그리고 미얀마 Mr. Kyaw Wai Naing의 현지 자료수집 도움에 감사를 표한다. 본 도서(圖書)가 생산자와 관련 기업인들에게 다소라도 도움이 되었으면 하는 마음 간절하다. 그리고 향후 배전의 노력을 다짐하고자 한다.

2011. 12.
저자 일동

두리안(Durian, *Durio zibethinus* L.)

Chromolithograph by Hoola Van Nooten, circa 1863.

(두리안에 대한 다색석판인쇄그림)

Chapter 1

두리안의 개요

■ 어원(語源)

저자들은 캄보디아 프놈펜에서 처음으로 두리안을 시식하였던 기억이 있다. 물론 오래 전의 이야기이다. 처음에는 맛있는 과일이라는 기억이 없었지만, 그 이후 말레이시아와 인도네시아, 미얀마와 태국을 비롯한 열대지역을 방문할 때 자주 두리안을 먹으면서 점차 그 독특한 맛에 심취한 바 있다.

열대지역에서 생산되는 '과일의 왕'(The King of Fruits) 또는 '과일의 황제'(The Emperor of Fruits)라고 불리는 두리안(Durian) 이름은 그의 식물명 *Durio zibethinus* L.으로부터 유래되었다. *Durio*는 말레이어로 '가시'의미하고, *zibetto*는 이탈리아어로 강렬한 향기를 내는 '사향'을 의미한다. 그래서 두리안의 껍질은 녹색의 딱딱한 가시로 덮여 있고, 과육(果肉)은 황색으로 달지만 강한 냄새를 지니고 있다. 두리안은 원산지로 알려진 보르네오섬(Borneo Island)[1]에서 주변의 동남아(東南亞) 지역으로 보급된 것으로 알려지고 있다. 그리고 서구(西歐) 세계에는 약 600여 년 전부터 알려지게 된 과일이다.[2]

비록 두리안은 독특한 냄새[3]를 지니고 있으나, 정력을 증진시키고[4] 매혹적인 맛 때문에 많은 애호가들로부터 사랑을 받고 있다. 더러는 냄새가 고약하여 먹기에 힘들다고 하지만 반대로 많은 사람들이 그 냄새까지도 좋아할 정도로 맛있는 과일이다. 그래서 동남아시아에서 가장 인기 있는 과일 중의 하나로 알려져 있다. 최근 두리안은 북미(北美), 유럽, 아시아 시장에서 신선도를 유지하기 위해서 냉동 형태로 유통되고 있으며 한국의 백화점에서도 쉽게 발견할 수 있다.

말레이시아에서는 두리안을 호텔이나 비행기로 반입하는 것을 허락하지 않고 있다. 왜냐하면 두리안을 잘 모르는 사람이나 애호가가 아닌 대부분의 외국인들에게는 냄새가 너무 고약하여서 참기 어렵기 때문이라고 한다. 그래서 호텔이나 비행기에는 흔히 두리안의 반입금지 표시가 되어 있는 것이다.

---

1 보르네오섬(Borneo Island)은 브루나이(Brunei), 인도네시아(Indonesia) 그리고 말레이시아(Malaysia) 3개국의 영토로 구성되어 있다. 이 섬의 약 73%는 인도네시아(칼리만탄, Kalimantan), 말레이시아의 사라와크(Sarawak)와 사바(Sabah)州가 26%, 그리고 브루나이(Brunei)가 1%를 차지하고 있다.

2 http://en.wikipedia.org/wiki/durian/

3 두리안의 독특한 냄새는 화학물질인 티올(thiol), 또는 티오에테르(thioether), 에스테르(ester) 그리고 황하물(sulphide)에서 비롯된 것이다(http://www.cropsreview.com/, 2010).

4 두리안은 높은 수준의 단백질을 함유하고 있어 정력증진을 위해 이용되기도 한다. 태국의 속담에는 "매일 밤 두리안을 먹을 수 있는 남자에게 딸을 내준다"라는 말이 있다. 또한 싱가포르에서는 "두리안이 나무에서 내려오면 사롱(Sarong: 말레이 제도 사람들이 허리에 두르는 천)이 슬슬 풀려서 바지를 추스르기 힘들다"는 재미있는 전승도 있다. 이는 결국 두리안에 함유되어 있는 Aphrodisiac(최음적 성분)에 대한 설명으로 보인다(http://www.JuiceFeasting.com, 2007).

〈두리안〉

(http://fatbooo.blogspot.com/2011/04/durian-king-of-fruit.html)
〈두리안의 반입금지 표시〉

■ 두리안

두리안의 평균 크기는 볼링(bowling)공만큼 크고 과일의 표면은 날카롭고 위협적인 대못과 같은 가시껍질로 되어 있어 다른 과일들과는 매우 판이하고 독특하다. 따라서 두리안은 무섭게 생겨서 '과일의 왕' 또는 '과일의 황제'라고 불리는지도 모른다.

두리안이 크림처럼 부드러운 과육(果肉)은 절묘하게 달콤하면서도 씁쓸한 맛을 지니고 있다. 처음 두리안을 시식하고자 모험하는 사람들은 두리안의 압도적인 냄새에도 불구하고 그 맛의 아름다움에 빠져든다. 두리안이 생산되는 동남아 지역을 방문하는 여행객들은 두리안의 시식을 통하여 황홀하고 잊을 수 없는 경험을 하게 된다.

(http://creationwiki.org/Durian; http://www.AgriPinoy.net)

〈두리안의 가시〉

말레이시아 페낭(Penang) 지역을 저자들이 자료 수집을 위하여 방문하였을 때 현지에서 안내를 하던 말레이시아대학교 교수가 제시한 좋은 두리안 선별법은 다음과 같다.

첫째, 두리안의 색깔이 초록색보다 갈색 또는 노랑색인 것.
둘째, 과일의 껍질이 수직으로 벌어지기 시작하는 것.
셋째, 과일의 크기에 비하여 상대적으로 무거운 것.

상품가치가 높은 과일을 생산하기 위해서는 재배측면에서 다른 종류의 상업적 과일보다 더욱 세심한 관심과 노력이 필요하다. 두리안은 품종에 따라서 재배하는 방법이 조금씩 다르기 때문이다. 일반적으로 두리안은 수고(樹高)가 높은 품종과 작은 품종이 있는데, 평지에는 수고가 작은 품종을 심고, 야산이나 언덕에는 수고가 높은 품종을 심는다. 또한 많은 과수들이 그러하듯 두리안은 품종과 재배지역에 따라서 맛과 색이 다양하게 나타날 수 있다.

두리안의 형상은 계란처럼 장타원형으로 둥글게 생겼다. 껍질은 두껍고, 초록색 또는 황갈색의 날카로운 가시들로 덮여 있다. 특히, 인도네시아 품종은 가지에서 떨어진 성숙한 두리안일지라도 껍질을 쪼개기 위해서 날카로운 칼이나 적합한 도구가 있어야 할 정도로 그 껍질이 매우 단단하다. 또한 두리안의 가시는 3~7각형의 밑동을 형성하고 있어 대단히 단단하고 날카로우며, 저자들이 장갑을 사용하지 않고 맨손으로 직접 만지다가 상처를 입었던 기억이 있다. 그렇기 때문에 두리안의 껍질을 벗기는데 주의가 필요하다.

태국산 두리안의 경우 껍질이 벌어지기 시작하면 과일을 먹을 수 있음을 의미하지만, 품종이 다양하기 때문에 모든 품종에 적용되는

<상점에 진열된 두리안, 말레이시아>

것은 아니다.

전 세계적으로 생산현지에서의 소비가 가장 많은 것으로 알려진 인도네시아의 경우, 두리안이 비록 과일의 껍질에 금이 가지 않고 사람이 쪼개기 매우 어렵더라도 나무에서 저절로 떨어진 이후 6시간 내에 먹을 때 최고의 맛을 낸다고 한다. 결국 두리안 농장의 직판장에서 먹을 때 그 맛이 가장 우수하다고 할 수 있다.

두리안은 타원형으로 평균 길이는 20cm, 평균 직경은 15cm 정도 된다. 물론 태국의 일부 품종은 그 과일의 길이가 40cm나 되는 것도 있다. 일반적으로 두리안의 평균 무게는 약 2.4kg이지만 1.0kg에서부터 8.0kg에 이르는 경우도 있다. 성숙된 과일의 과육은 꼭대기부터 3~5개 정도의 불규칙적인 조각(假種皮)으로 쪼개지는데, 각각의 조각에는 1~7개 정도의 씨앗이 들어 있다.

<두리안 과육을 껍질에서 분리하는 모습, Ms. Nurhidayah, 말레이시아>

두리안은 지역토종 품종의 경우 개화로부터 106~108일, 차니(Chanee)는 112~113일, 그리고 몬통(Monthong)은 125일 정도 경과하면 성숙하는데, 이들은 과피(果皮)가 연초록이나 갈색으로 변한다. 그리고 가볍게 두드리면 둔탁하고 속에서 빈 소리가 난다. 과일에서 풍기는 향기가 강하며 줄기는 매우 유연하고, 과육(果肉)의 맛은 달콤하고 단단한 조직을 가지는 특성이 있다.

두리안 과육(果肉)은 과일무게의 20~35% 정도를 차지하는데, 과육 안에는 씨앗이 들어 있다. 과육은 탄수화물, 단백질, 비타민 B 그

룹[5]의 티아민(thiamine),[6] 리보프라빈(riboflavin),[7] 비타민 A와 C 등의 비타민과 칼슘(calcium), 인(phosphorus), 칼륨(potassium), 철분(iron) 등의 여러 가지 미네랄을 함유하고 있다.

두리안의 과육 안에는 최대 13개에 이르는 씨앗을 가지고 있다. 두리안 씨앗의 크기는 대개 길이 4~7cm, 직경 2.5cm 정도이다. 일반적으로 씨앗은 소비자들이 식용하는 과육(果肉)이 감싸고 있으며, 과육은 품종에 따라 색상(色相), 조직 그리고 두께 등이 다를 수 있다. 과육의 색상은 황백색, 옅은 황색, 또는 오린지색이 대부분이며, 달콤하고 매우 향기롭다. 또한 두리안 씨앗은 삶거나 볶아서 스낵으로 만들어 먹는다. 그리고 일부 국가에서는 두리안의 새순과 설익은 열매를 채소와 같이 요리해서 먹기도 한다.

두리안의 맛은 그 자체로 완벽하기 때문에 시큼하고 단맛 또는 과즙도 필요하지 않을 정도이다. 구역질이나 나쁜 맛이 없어 많이 먹으면 먹을수록 더 먹고 싶어진다. 두리안의 맛은 3단계로 구분할 수 있는데 처음에는 향기로운 맛이 강하게 나고, 이어서 맛있는 단맛이 나며, 그 다음에는 이상한 수지질(樹脂質) 또는 훌륭한 방향성(芳香性) 맛이 오래 지속된다.

---

5 비타민 B군은 세포 대사에서 중요한 역할을 수행하는 수용성 비타민군(群)이다. 비타민 B군은 같은 음식에서 종종 공존하지만 화학적으로 구별되는 비타민들이다. 일반적으로 보충제는 비타민 B 복합체라고 불리는 8개 비타민 모두를 포함하고 있다. 비타민 B 복합체는 비타민 B_1(티아민), 비타민 B_2(리보플라빈), 비타민 B_3(니아신/니코틴아미드), 비타민 B_5(판토텐산), 비타민 B_6(피리독신/ 피리독살/피리독사민), 비타민 B_7(바이오틴/비타민 H), 비타민 B_9(폴린산/엽산/비타민 M), 비타민 B_{12}(시아노코발라민)를 포함한다. 이러한 비타민 B의 효능은 면역체계 강화, 신경계기능 강화, 췌장암의 발병 위험률 감소, 피부색과 근육건강 유지, 신진대사작용 촉진 등을 들 수 있다(http://ko.wikipedia.org).

6 티아민(thiamine)은 thiamin 또는 vitamin B_1, 티오-비타민(thio-vitamine) 즉 '유황함유 비타민'(sulfur-containing vitamin)으로도 불리는데, 비타민 B 그룹의 수용성(水溶性) 비타민이다.

7 리보프라빈(Riboflavin)은 비타민 B_2(vitamin B_2)로서 오렌지색의 유기복합물인데 비타민 B 그룹의 수용성(水溶性) 비타민이며 살아있는 유기체의 신진대사 작용에 필수적이다.

(http://www.zkfm.com/tag/durian; http://en.wikipedia.org/wiki)

〈두리안의 과육〉

〈두리안을 즐기는 말레이시아 현지인〉

■ 두리안의 영양소

두리안은 맛이 좋을 뿐만 아니라 영양가도 상당히 높다. 지난 2005년에 출판된 「일본 식품 표준성분표」(日本 文部科學省)에 의하면 두리안의 칼로리는 다른 과일보다 비교적 높은 값을 나타내고 있다. 또한 탄수화물뿐만 아니라 지방분(脂肪分)도 풍부하게 함유하고 있다. 이러한 자료만 본다면 두리안을 먹으면 살이 찌고 건강에 좋지 않을 것 같은 느낌이 든다. 그러나 두리안은 다른 영양소도 상당히 많이 함유하고 있는 몸에 유익한 과일이다.

두리안의 영양소 성분을 보면 단백질도 상당히 많이 함유되어 있음을 알 수 있다. 보통 과일은 세포에서 수분을 많이 함유하고 있는 만큼 상대적으로 단백질은 적게 함유되어 있다. 단백질은 생명의 여러

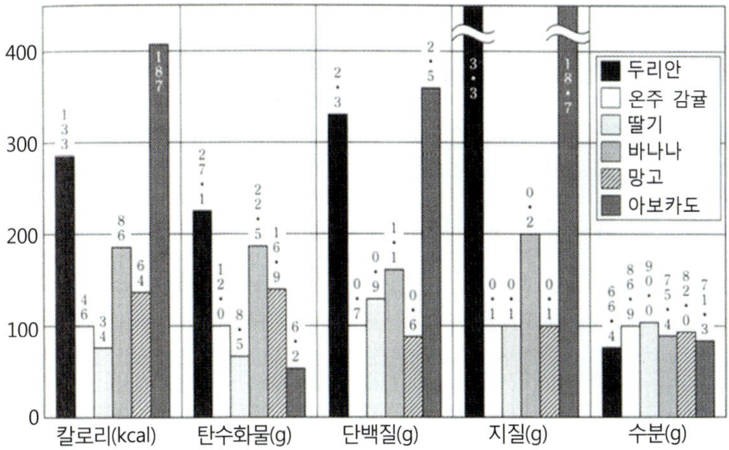

막대그래프는 온주 감귤의 값을 100으로 했을 때 각각 과일의 상대치 표시

자료 : ドリアン-果物の王(塚谷裕一, 2006)

〈두리안의 영양소〉

가지 활동의 근간을 담당하고 있고, 세포 안의 원형질이라는 부분에 집중적으로 존재하고 있다. 한편, 당분(탄수화물)과 수분은 대부분이 세포 안의 액포(液胞)라는 부위에 존재한다.

액포는 식물의 특징적인 구조로 과일에는 이러한 액포가 발달하고 있다. 이곳에 당분과 경우에 따라서는 붉은색과 황색의 색소를 저장시키고 있기 때문에 과육이 달고 선명한 색을 나타낸다. 액포는 세포 체적의 90% 또는 그 이상을 점유하는 경우도 있다. 이와 같이 과일 내에 액포의 비중이 크면 클수록 원형질의 비율은 상대적으로 작아지게 된다. 그렇기 때문에 과일은 단백질의 양이 적고 수분이 많은 경우가 보통이다.

예를 들어, 온주(溫州) 감귤[8]은 100g 당 수분이 86.9g을 차지하고 있는 반면, 단백질은 0.7g 정도에 불과하다. 딸기도 수분이 90g이고 단백질은 0.9g 밖에 차지하지 않는다. 바나나와 같이 과육이 비교적 가득 차 있는 경우도 수분이 75.4g을 차지하고 단백질은 1.1g 정도 밖에 함유되어 있지 않다. 그런데 두리안은 100g 당 수분이 66.4g, 단백질은 2.3g을 함유하여, 다른 과일보다 높은 단백질 함유율을 나타내고 있다.

달콤한 맛의 두리안은 당분(糖分)도 상당히 높을 것으로 생각된다. 당분을 탄수화물의 양으로 표시한 경우, 온주귤은 100g 당 탄수화물이 12g이고 딸기는 8.5g을 함유하고 있는 것으로 나타났다. 일반적으로 과일은 이와 같이 대략 10g 정도의 탄수화물을 함유하고 있다. 비

8 온주(溫州) 감귤은 지난 1911년 천주교 성직자/식물학자였던 프랑스의 다케 신부가 일본에서 온주감귤 15그루를 처음 도입하였다. 그 후 1913년에 제주에 거주하던 일본인 미네가 1,500그루의 조생종과 보통온주를 들여와 과수원을 조성하였다. 그리고 1962년부터 정책적으로 장려되기 시작했다. 당시 대도시 감귤 판매가격은 고구마나 유자의 가격의 62배, 사과의 19배 수준이었다. 때문에 당시부터 감귤나무 한 그루만 있으면 자녀 한 사람이 대학을 마칠 수 있다는 뜻에서 '대학나무'로 부르기도 했다(제민일보, 2009.12.10).

교적 단맛이 진한 망고는 탄수화물이 16.9g을 차지하고 있다. 그리고 스포츠인들에게 칼로리 섭취원으로 권장되고 있는 바나나는 탄수화물 함유가 비교적 높은 22.5g이었지만, 두리안은 이것을 초과하는 27.1g을 함유하고 있다. 이러한 탄수화물은 과실이 익지 않은 경우 전분체(澱粉體)로 존재하고 있다가 완숙되었을 때는 급속히 당분으로 변환되어 진한 단맛을 느끼게 한다. 이렇게 전분체가 당분으로 변환되는 잠깐사이가 두리안을 맛있게 먹을 수 있는 시기이다.

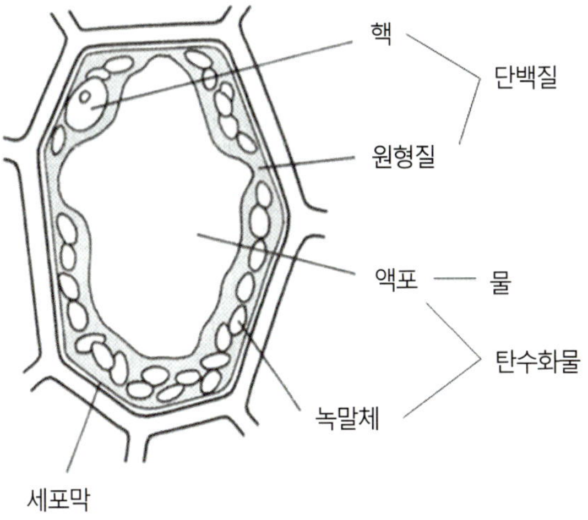

자료 : 전게서.

〈식물 세포의 단면과 주요한 영양성분의 분포〉

또한 두리안이 특이한 것은 지방(脂肪) 함유량이 높다는 것이다. 식물의 경우 지방을 축적하는 조직이 없고, 보통 원형질을 둘러싸고 있는 세포막과 같은 지질막 등에 지방이 함유되어있다. 실제로 온주 감귤과 딸기는 100g 당 지질(脂質)이 0.1g 밖에 검출되지 않았고, 바나나 역시 0.2g 정도 밖에 검출되지 않았다. 그런데 두리안은 100g 당 지질

일반적으로 포화지방산은 높은 온도에서도 굳은 상태 즉, 버터와 비슷한 형태로 존재하고, 불포화정도가 높을수록 낮은 온도에서도 녹기 쉽다. 샐러드기름과 비슷한 형태인 것이다. 마가린(margarine)은 액체상태의 식물성 기름에 수소를 첨가하여 포화도를 높여 지방이 버터와 같이 굳은 상태로 존재하는 식품이다. 두리안의 과육이 열에 의해 녹는 것도 포화지방산의 비율이 높기 때문에 나타나는 현상이다.

불포화지방산(unsaturated fatty acids)은?

이것은 상온에서 흐름성이 있는 액체상태의 기름을 말한다. 크게 일가불포화지방산(mono-unsaturated fatty acids)과 다가불포화지방산(poly-unsaturated fatty acids)으로 구분된다.

불포화지방산의 역할 : 단가불포화지방산은 혈액 내의 콜레스테롤치를 낮추어 심장질환의 발병위험을 감소시킨다. 동시에 인체에 영양분을 공급하여 체세포의 생성과 유지를 돕는다. 이러한 일가불포화지방산은 특히 비타민 E에 높은데, 이 비타민 E는 대부분의 사람들에게 필요한 항산화비타민이다. 일가불포화지방산이 풍부한 식품은 올리브유, 카놀라유, 땅콩기름, 해바라기 오일, 참깨오일 등과 같은 식용유이다. 기타 식품은 아보카도, 땅콩버터, 그리고 많은 넛트와 씨앗이다.

오메가-6계 지방산은 혈액 내의 콜레스테롤치를 낮추어 심장질환의 발병위험을 낮출 수 있으나, 과량섭취시는 혈액 내의 콜레스테롤을 간으로 전달하여 혈액순환을 좋게 하는 콜레스테롤 (일명 HDL-콜레스테롤)을 낮출 수 있다. 오메가-6계 지방산은 옥수수기름, 면실유, 콩기름, 해바라기씨 기름 등에 다량 포함되어 있다.

오메가-3계 지방산은 혈액 내의 중성지방치와 혈액이 엉키는 성질을 감소시켜 심장질환의 발병위험을 낮추게 한다. 오메가-3계 지방산을 포함하고 있는 생선은 주로 등푸른 생선으로, 참치, 삼치, 꽁치, 고등어, 연어, 청어, 숭어, 정어리 등을 들 수 있다. 이들을 일주일에 약 큰 3토막(250g정도)을 먹게 되면 건강에 도움을 줄 수 있다.

(http://www.heart.org/HEARTORG/GettingHealthy/FatsAndOils).

포화지방산의 성분을 살펴보면, 거의 대부분이 팔미트산(palmitic acid)[13]이 차지하고 있다. 팔미트산은 인체에서 합성 가능한 지방산으로, 우지(牛脂) 등에 많이 함유된 성분이다. 그리고 두리안에 함유된 불포화지방산의 경우, 일가(一価)는 대부분 올레산(oleic acid)[14]으로 구성되어 있고, 다가(多価)는 리놀레산(linoleic acid)[15]과 α-리놀레산으로 이루어져 있다. 올레산은 인체에서 합성 가능한 형태의 지방산으로, 올리브기름, 선실유(線室油), 대두유(大豆油), 우지(牛脂), 라드(lard), 생선기름 등 많은 식품의 유지(油脂)에 함유되어 있다.

그러나 리놀레산과 α-리놀레산은 인체에서 합성되지 않기 때문에 식품으로부터 섭취되지 않으면 안 된다. 그렇기 때문에 필수지방산으로 분류되고 있다. 선실유와 홍화유(紅花油) 그리고 대두유 등의 섭취가 권장되어지고 있는 것은 바로 이 때문인 것이다. 이처럼 高칼로리 高지방의 두리안이지만 불포화지방산을 중심으로 살펴보면 필수지방

---

13 팔미트산(palmitic acid)의 녹는점은 62.65℃, 끓는점 167.4℃(1mmHg)인데, 물에 잘 녹지 않으며, 뜨거운 에틸알코올, 에테르, 사염화탄소에 녹는다. 팔미트산은 인체에 유익한 HDL을 높이고, 해로운 LDL을 낮추는 역할을 한다. HDL은 High Density Lipoprotein 즉 고밀도의 지단백(지질과 단백질 합성물질)로 높으면 좋습니다. 몸속에 쌓인 지방을 제거하는 역할을 한다. LDL은 Low Density Lipoprotein으로 지방을 혈관에 쌓아 놓는 역할을 한다(http://blog.naver.com/food_info/10019109117).

14 올레산(oleic acid)은 불포화지방산 중 오메가9 지방산에 속하며, 올리브유나 카놀라유와 같은 식물성 기름에 많고, 소나 돼지와 같은 동물의 유지(油脂, lard)에도 함유되어 있다. 혈청 콜레스테롤의 농도는 낮추고 HDL콜레스테롤의 농도는 낮추기 때문에 고지혈증 환자에게 이로우며 동맥경화를 예방하는 효과도 있다. 모유에도 가장 많이 함유된 지방산으로 아기의 성장과 발달을 돕는다(http://cafe.daum.net/hnfmall)

15 리놀레산(linoleic acid)은 필수지방산 "비타민 F"라고 한다. 필수지방산이란 꼭 인체의 대사에 필수적인 지방산이지만, 인체에서 합성되지는 않고 음식 등으로 외부에서 섭취해야 하는 지방산이다. 리놀레산에는 감마(GLA), 디호모감마(DGLA), 아라키도닌산(arachidonic acid: AA)이 있다. 리놀레산은 세포막의 구성성분으로 세포막의 기능을 유지시키며, 콜레스테롤의 운반, 파괴 및 배출에 관여하고, 생리활성에서 중요한 역할을 하는 프라스타글란딘(prostaglandin)의 선구물질이다. 산소의 이용, 전자의 전달 및 에너지 생산을 조절한다. 헤모글로빈이 생성되도록 도와주며, 내분비선과 외분비선의 기능을 유지시키고, 관절의 마찰을 줄여준다. 혈압조절, 혈소판 응집과 신장기능도 조절한다. 특히 뇌, 눈의 망막, 부신, 고환에 많이 요구되며, 해로운 과산화물질의 제거, 엘러지의 발생을 억제하는 일에도 일조를 한다(http://cafe.daum.net/gigong4health).

산이 함유되어 있다. 그래서 두리안은 칼로리가 높지만, 동물 지방이 높은 정크 푸드(junk food)와 달리 안심하게 먹을 수 있는 과일이라 생각된다.

■ 두리안에 함유된 지방산

	포화 지방산 (g)	일가불포화 지방산 (g)	다가불포화 지방산 (g)
두리안	1.18	1.18	0.28
온주 감귤	0.01	0.02	0.01
딸기	0.01	0.01	0.05
바나나	-	-	-
망고	-	-	-
아보카도	3.21	10.82	2.16

자료 : 전게서.

■ 두리안의 향기 성분

영양성분보다 더 중요한 부분은 두리안의 향기일 것이다. 왜 사람들은 두리안의 향기를 좋게 느끼기도 하고 또는 악취로 느끼는 걸까? 만약 두리안이 다른 열대 과일과 같이 달콤한 향기만 존재한다면 정말 인기 있는 과일이 되었을 것이다.

두리안의 향기 성분에 관한 최초 보고는 볼드리(J. Baldry, 1972)의 논문이다. 이 논문은 싱가포르와 말레이시아에서 생산되는 두리안을 재료로 하여 향기를 유발하는 과육의 휘발성분을 분석한 결과, 약 26종의 화학성분을 발견하였다. 성분 중에는 알코올계의 향기인 에스테르, 알데히드, 알코올 등의 성분이 상당히 높은 비중을 차지하고 있었다. 특히 두리안 향기 성분 중 에스테르는 바나나의 달콤한 향기나 유양주(吟釀酒)[16] 향기와 유사한 화합물로, 알코올과 산(酸)이 결합한 물질이다. 또한 두리안의 향기가 싫은 사람의 경우, 두리안에서 자주 유황의 냄새가 난다고 말하곤 하는데 유황화합물도 7종 발견되었다. 유황을 함유한 탄소화합물은 일반적으로 도시가스와 비슷한 냄새가 난다. 이와 같이 두리안은 달콤한 향기와 가스 냄새가 섞여 있는 게 향기의 비밀이다.

두리안의 향기는 종류와 생산지에 의하여 향기 성분이 다를 수 있다는 주장이 제기되었다. 그러던 중 볼드리 등은 두리안의 향기를 싫어하는 사람들로부터 양파 냄새가 난다는 것을 듣고, 이러한 성분이 1-프로판티올(propanethiol)이라는 것을 밝혀냈다. 한편 두리안에게서 달콤한 과일 냄새가 난다는 것은 2-메틸부틸산(酸)에틸(methylbutyric acid ethyl ester)이 주성분이라는 것도 밝혔다. 만약 같은 두리안을 두고 역겨운 냄새가 난다고 감지하는 사람은 상대적으로 전자에 대하여 감수성이 높고, 달콤하고 좋은 향기가 난다고 좋아하는 사람은 후자에 대하여 감수성이 높은 사람일 것이다.

이후 1980년에 모세(R. Moser, 1980) 등은 태국산(産) 두리안을 재료로 하여 자연휘발 성분을 분석하였고, 알킬폴리설파이드(alkyl polysulfide)를 중심으로 한 유황화합물 8종을 확인하였다. 또한 모세(R. Moser) 등은 과실(果實)이 성숙함에 따라 많은 유황화합물의 성분이 증가하는 것을 발견하고, 이것은 두리안이 지나치게 숙성되면 두리안의 향기를 달콤하게 느꼈던 사람들도 나쁜 향기로 감지할 수 있다고 설명하였다. 그래서 두리안을 먹는 시기는 전분(澱粉)이 당분으로 변하는 순간과 향기 성분이 변화하기 전이 좋을 것이다.

---

16 도정비율 60% 이하의 백미(白米)를 사용하여 저온에서 제조한 높은 음양향을 가진 일본 고급 청주로, 사과와 바나나 등의 과실향기를 가지고 있어 맛이 매끄럽고 차게 마시는 고가의 술이다. 일본 청주(사케)의 한 종류인 긴죠(吟釀)이다.

C_3H_7SH	1-프로판티올 (1-Propanethiol)
CH_3CHCCH_3 (C=O, CH–OH)	3-하이드록시-2-부탄온 (3-Hydroxy-2-butanone)
$C_2H_5COC_2H_5$ (=OH)	프로피온산(酸)에틸 (Ethyl propionate)
$C_2H_5CHCOC_2H_5$ (C=O, CH–CH_3)	2-메틸부틸산(酸)에틸 (2-Methylbutyric acid ethyl ester)

자료 : 전게서

〈두리안의 향기 주성분〉

그리고 1995년에는 웡(K.C. Wong)과 티(D.Y. Tie)도 말레이시아에서 생산된 두리안을 사용하여 총 63종의 휘발성분을 발견하였는데, 이 중 60종의 화합물이 유황을 포함하고 있었다. 또한 휘발성분의 주요 화합물로 2-메틸부틸산(酸)에틸, 3-하이드록시-2-부탄온 및 프로피온산(酸)에틸을 확인하였고, 이러한 3종류의 물질이 휘발성분의 70%를 점유하고 있음을 발표하였다. 이렇게 두리안의 향기는 달콤한 향기를 주성분으로 하면서 가스 냄새와 같은 유황 냄새가 조금씩 섞여 있는 혼합물이 존재한다. 그렇기 때문에 기본적으로 달콤하고 좋은 향기를 지니고 있음에도 불구하고 향기를 느끼는 개인차와 먹는 시기에 따라서 악취로 느끼거나 혹은 달콤한 향기로 느끼곤 한다.

■ 두리안의 가격

두리안은 경제적으로 매우 전망이 밝은 과일이다. 두리안의 과육(果肉)은 전체과일 무게의 20~35% 정도에 불과하여 소비자들이 실제 식용으로 이용하는 과육의 무게를 고려할 때 두리안은 가격이 비싼 과일 중의 하나이다. 각국에서의 두리안 가격은 현지의 수급실정과 경제여건에 따라서 가격이 상이하다.

- **싱가포르(Singapore) 가격** : 싱가포르 시장에서 두리안의 가격은 SGD15~SGD20/kg(US$12~US$16/kg) 수준이다.[17] 인접국가인 말레이시아에서 낙과한 두리안을 하루 이내에 수입하고 있다. 싱가포르에서 판매되는 두리안의 90%는 말레이시아산이고, 나머지는 태국과 인도네시아에서 수입하고 있다.

- **말레이시아(Malaysia) 가격** : 말레이시아 시장에서의 두리안 가격은 RM25~80/kg(US$5.79~21.05/kg) 정도로 가격 편차가 크다.[18] 여기에서도 다시 품종별 가격이 상이한데, D168(또는 Durian Loi) 품종의 가격은 대개 RM7~10/kg 정도이다. 그리나 D175(또는 Udang Merah) 품종의 농가판매가격은 RM30~45/kg으로 매우 비싼 수준이다. 물론 가격은 공급량의 증감에 민감하게 변한다. 예를 들면 최근 무상킹 품종의 가격은 공급과잉으로 RM11~13/kg (2011년 5월 12일 현재) 수준으로 낮아졌지만 일반적으로 수급이 안정적일 경우에는 RM20~25/kg 수준을 유지한다. 두리안의 다양한 수요처 개발이 없을 경우에는 공급과잉에 의한 가격이 폭락하는 결과를

---

17 싱가포르 달러는 싱가포르와 브루나이에서 사용되는 싱가포르의 법정화폐 단위(ISO 4217 코드: SGD, 통화기호:S$).

18 말레이시아 링깃(Ringgit Malaysia) 또는 링깃은 말레이시아 통화의공식명칭(ISO 4217코드: MYR, 통화기호: RM), 2011년 3월 25일 현재 1RM=₩358 수준이다.

초래한다. 따라서 수출은 두리안의 국내가격 폭락을 완화시키는 역할을 하기 때문에 해외수출시장이 중요하다.

- **한국 가격** : 우리나라 「Auction 쇼핑백과」에 의하면 해외에서 수입한 냉동 두리안 가격은 ₩16,900/2.4kg(2011년 3월 현재)으로서 환율 $1=₩1,120을 적용하면, US$6.29/kg 수준이다. 그러나 일반 백화점 가격은 ₩30,000/2.4kg 즉 ₩12,500/kg으로서 이는 US$11.16/kg인 셈이다. Auction 마켓가격은 ₩16,500/2.0kg으로 US$7.37/kg 수준이다.[19]

- **필리핀(Philippines) 가격** : 필리핀의 두리안 생산량이 최고 수준을 기록했던 2007년의 경우 두리안의 평균 소매가격은 PHP18~20/kg(US$0.43~0.47/kg) 수준이었다.[20] 이 때 농가에서 두리안 수취가격은 PHP8/kg(US$0.19/kg) 정도이다. 그러나 생산량이 줄어들어서 공급량이 감소하면 PHP80/kg(US$1.89/kg)까지도 치솟았고, 그 결과 두리안의 농가에서 수취가격은 PHP18/kg 수준으로 인상되었다. 두리안의 마케팅 마진은 매우 높은 수준이며 효율적인 유통구조가 절실함을 알 수 있다.

  많은 섬으로 구성되어 있는 필리핀은 지역별로도 큰 가격차이를 보인다. 민다나오(Mindanao)섬에서 수확기 농가의 생산자 가격이 PHP30~60/kg(US$0.71~1.42/kg)일 때 민다나오섬의 소매가격은 PHP80~150/kg(US$1.89~3.55/kg), 마닐라(Manila)시에서의 소비자 가격은 Peso150~300/kg(US$3.55 ~7.10/kg) 수준으로 유통되고 있다. 결국 대도시의 소비자 가격은 생산지보다 5배 높은 수준에서 거래되고 있다.

---

19 롯데마트 쇼핑 도우미, Auction 마켓, travel-sulu.blogspot.com.

20 필리핀 페소(peso)는 필리핀의 통화(ISO 4217 코드: PHP, 통화기호: ₱)

■ **태국(Thailand) 가격** : 두리안의 연평균 농가판매가격은 Baht 23.73/kg[21]로 이는 US$0.61/kg과 같다. 이 가격도 동 기간에 1kg당 최저 Baht18.34에서 최고 Baht30.77(US$0.78/kg)로 크게 변동하면서, 1990년대 초에는 약 Baht27/kg 수준, 2000에는 Baht21.7/kg(US$0.55) 수준으로 오히려 낮아지고 있다. 동남아 주변 국가들과 비교하여 두리안 가격이 상대적으로 저렴한 것은 수요·공급의 원리에 따른 것이라고 할 수도 있겠으나, 또 한편으로는 다양한 수요창출이 개발되지 못했기 때문으로 풀이된다. 최근에는 품종과 계절에 따라서 Baht 25~100/kg까지 그 변동폭이 매우 높고 큰 것으로 나타났다(Thai Fruits: Durian, 2011).

21 참고로 여기에 언급된 각 국가의 화폐를 2011년 8월 10일 기준 미국 1.00달러화 당 환율을 계산하면 다음과 같다. 한국 KRW1,081.5(원); 홍콩 HKD 7.81(달러); 태국 THB29.86(바트); 싱가포르 SGD1.21(달러); 인도네시아 IDR(100)85.22(루피아); 말레이시아 MYR(RM)3.01(링기트); 인도 INR45.21(루피).

Chapter 2

두리안의 품종

현지 두리안 농장을 저자들이 직접 방문했을 때 두리안 나무의 껍질은 적갈색(赤褐色)으로 성장하면서 계속해서 껍질이 저절로 벗겨진다고 한다. 나뭇잎은 타원형 내지 긴 장방형으로 비대칭적으로 달리고, 잎의 앞면은 연하고 윤기가 나지만 뒷면은 털이 있다. 꽃은 흰색 빛깔이 감도는 연두색(軟豆色)을 띠고 있다.

오랫동안 크게 자라면 줄기의 직경은 1.2m 정도까지 이르며, 큰 병해나 상해가 없으면 80~100년까지도 자랄 수 있다고 한다. 두리안은 씨앗에서 발아하여 자랄 경우 야산이나 산기슭에서는 최고 35~45m까지 이를 정도로 크게 자랄 수 있는 나무이다. 또한 씨앗에서부터 싹이 나서 자라난 나무는 밑동에 버팀벽이 생긴다. 그러나 평평한 대지에 심을 경우에는 5~10m 정도로 비교적 작게 자라며 나무 밑동에는 거의 버팀벽이 생기지 않는다.

두리안은 배수시설이 잘 갖춰진 평지나 토양에서 집중적으로 재배되고 있지만, 말레이시아에서는 배수시설을 자연적으로 잘 갖추어진 산기슭에 많이 식재되고 있다. 이는 토지비용이 저렴하고 관배수 시설에 소요되는 비용을 절감할 수 있는 장점을 지니고 있기 때문이다.

(http://www.mapzones.com)

〈미얀마 지도〉

〈❶ 미얀마의 키 낮은 나무 ❷ 말레이시아의 키 높은 나무 ❸ 수확용 그물〉

〈산기슭에 식재된 두리안〉

■ 두리안의 품종

전세계적으로 두리안은 약 800여종의 품종이 있다고 한다. 다음은 두리안[22]의 주요한 품종을 간략하게 설명하였다.

- **아란실로(Arancillo, ACC. 1497)** : 수고는 7~8m정도이고, 가지가 약간 옆으로 자라는 습성이 있다. 과실은 1,560g 정도로 갈녹색의 달걀 형태이고, 과육은 함수초(含羞草, mimosa)처럼 노랗고 크림같이 부드럽다. 과실의 생산량이 많으며 크기가 고르고 뛰어난 맛과

22 두리안은 태국 품종이 400여종, 말레이시아 품종이 100여종이나 된다(http://www.navigasi.net; http://www.bar.gov.ph/agfishtech/crops/durian.asp).

품질을 소유하면서 제철이 아닌 때도 열매를 맺는다. 그리고 비교적 부드러운 향기를 지니고 있다.

- **아타브린(Atabrine, DES 806)** : 잎은 암녹색의 장방형이고, 가지들이 옆으로 넓게 퍼지면서 자f라는 특성이 있다. 과실은 타원형의 푸르스름한 노란색이며 과육은 연한 적색을 띤 황색(Naples yellow)으로 부드럽다.

- **마머(Mamer, DES 916)** : 다른 두리안 품종과 같이 수고는 7~8m 정도 자란다. 잎은 암녹색의 장방형이다. 두리안은 타원형의 녹색을 띤 노란색인데, 내부의 과육은 부드럽고 함수초(含羞草)처럼 노란색이다.

- **차니(Chanee, AC 2815)** : 기번(Gibbon, 동인도·남아시아 긴팔원숭이라는 별명)이라고도 불리는 이 품종은 가지가 옆으로 넓게 뻗으면서 자란다. 잎은 장방형으로 앞면은 암(暗)녹색이고 후면은 계피(桂皮)색이다. 과실은 달걀형인데 초록에서 녹갈색에 이르는 색깔을 지니고 있고, 과육은 부드럽고 단단한 황금색 조직을 갖고 있다.

- **몬통(Monthong)** : 황금 베개(Golden Pillow)라는 별명을 가진 이 품종의 수고는 8~9m에 이르며, 잎은 긴 타원형의 암녹색이다. 과실은 달걀형태이고, 껍질은 초록에서 녹갈색에 이르는 색을 띠고 있다. 단단한 껍질의 내부는 크림처럼 부드러운 노란색 과육을 지니고 있다.

(http://www.dit.go.th/agriculture/durian/varietie.htm)
〈차니(좌)와 몬통(우) 품종〉

- **오보자(Oboza)** : 생육이 강하며, 가지는 아래로 처지면서 자라는 경향이 있다. 과실은 타원체 형이고 잎은 암(暗)녹색으로 긴 타원형이다. 과육은 노란색이고 부드러운 버터 모양이다.

- **푸얏(Puyat)** : 오보자 품종과 같이 생육이 강하며, 가지가 아래로 처지면서 옆으로 자라는 습성을 가지고 있다. 과실의 겉모습은 실린더처럼 둥글면서 녹갈색이며, 과육은 황색안료의 하나인 황연(黃鉛)처럼 노랗고 견고하며 부드러운 버터 모양이다.

(http://www.estanli.net/blog/tag/durian)

〈푸얏 품종〉

■ 태국의 주요 두리안 품종의 특성

과일 특성	Kradum	Chanee	Monthong	Kan Yao
과일: 형태	편구(偏球), 난형(卵形)	타원형, 달걀형, 장방형	달걀형, 장방형	원형, 달걀형, 장방형
크기	小~中	中	中~大	中
무게(kg)	1.5~3	2~3.5	2~4.5	2~3.5
평균 무게	2	2.5	3	3
껍질: 가시형태	뾰쪽한 凹~凸形	凹形	뾰쪽形	凸形
색	녹색	녹색	녹황색	녹색
평균두께(cm)	1.0 미만	1.1	1.25	1.45
과일줄기길이(cm)	5~8	5 미만	짧음	8~12 또는 12 이상
가종피*: 색 및 조직	노란색, 굳은조직	황금색, 굳은 조직	창백-노란색, 굳은 조직	노란색, 굳은 조직
맛	단맛	단맛	섬세한 단맛	단맛
두께	중간	중간-두꺼움	두꺼움	중간
씨앗	中~大	中~無	대부분 無	大
일수: 만개-수확일	90~100	90~100	120~135	120~135

* : 씨를 덮고 있는 특별한 외피(外被)를 의미함.

자료 : Thailand Institute of Science and Technology Research (2011).

■ **락슨 1호(Lacson #1)** : 가지가 옆으로 많이 퍼지면서 자라나는 습성을 갖고 있다. 잎은 암녹색의 장방형으로 달걀형태의 갈녹색 두리안이 열리며, 안에 들어 있는 과육은 노란색이며 매끄럽고 단단한 조직이다.

■ **칸야오(Kanyao)** : 과일의 형태는 둥글고 달걀 모양으로 생겼는데, 과일의 크기는 중간 정도이다. 무게는 약 2.0~3.5kg 수준이며 평균 3kg 정도이다. 가시는 불목형이며 초록색이고, 껍질의 두께는 평균 1.45cm 정도이며 과병(果柄) 즉 열매의 꼭지는 8~12cm 정도이다. 과육의 색은 노란색이며 크림과 같으면서도 조직이 견고하며 달콤한 맛을 지닌다. 과육의 두께는 중간 정도이고 종자는 큰 편이며, 꽃이 만개해서 수확기까지는 약 120~135일이 걸린다.

(http://www.dit.go.th/agriculture/durian/varietie.htm)

〈칸야오(좌)와 크라 둠통(우) 품종〉

■ **크라 둠통(Kra-Dumthong)** : 과실은 초록색이고 달걀모양과 같은 편구(偏球) 형태이다. 과실의 크기는 소형에서 중간형의 크기이며, 무게는 일반적으로 1.5~3.0kg이지만 평균 2.0kg 정도이다. 껍질의 가시는 볼록하게 또는 오목하게 끝이 생겼다 . 껍질의 평균 두께는 1cm 이하이며, 과병은 5~8cm 정도로 비교적 짧은 편이다. 과육은 노란색이고 단단한 조직으로 되어있다. 맛은 달콤하고, 과육의 두께는 중간 수준이고 종자는 중간 내지 대형 크기이다. 개화기로부터 수확기까지는 대개 90~100일이 소요된다.

흔히 두리안은 '천국처럼 맛있고 지옥처럼 냄새나는 과일'이라고 표현되기도 한다(Exotic Fruit Farm, 2008). 그러나 대개 저소득층에 속한 일반 두리안 소비자들에게 '지옥'과 같은 것은 냄새가 아니고 높은 가격, 특히 제철이 지난 다음 비수확기의 높은 가격이라고 할 수 있다. 비수확기에는 다른 농산물과 같이 두리안의 공급량이 크게 줄어들어서 그 가격이 터무니없이 인상되기 때문이다. 따라서 비수확기에는 높은 가격 때문에 저소득층 소비자들로서는 두리안의 소비가 어려워진다는 것이다.

■ 두리안의 재배지역

두리안은 주로 동남아시아 열대지역에서 생산되고 있는 것이 사실이지만 북위/남위 15°~18°선 이내의 지대가 적합한 것으로 알려져 있다. 대개 이러한 지역은 우림(雨林)지역이고 열대기후이면서 풍부한 습도와 충분한 태양빛을 지니고 있는 지역이다. 그렇기 때문에 상당한 면적의 두리안이 태국, 말레이시아, 인도네시아 그리고 필리핀에서 재배되고 있다. 그 외에도 호주와 남미(南美) 및 아프리카 일부에서도 재배되고 있다.

태국은 두리안의 주요 수출국이다. 필리핀에서는 아직 두리안이 군소작물 중의 하나로 취급되고 있으나 점차 사회경제적 비중이 커지면서 국가 경제에 상당부분 기여하고 있는 것으로 알려지고 있다. 필리핀에서 남부 민다나오(Southern Mindanao)는 '두리안 공화국'(durian republic)이라고 불리울 정도로 두리안이 중요한 작물이다(Subhadrabandhu, 2001).

두리안은 해외로 많이 번식되어 현재 미얀마의 남부, 말레이시아 반도 남부, 인도의 남동부지역, 스리랑카(Sri Lanka), 그리고 뉴기니(New Guinea)에 이르기까지 재배되고 있다. 약 400년 전에는 미얀마 남부와 왕궁이 있는 북부 사이에 두리안의 활발한 무역이 전개되었었다. 현재는 태국과 베트남이 중요한 생산지가 되었다. 그리고 1959년에는 두리안의 품질과 마케팅 관행을 표준화하고자 「두리안 재배자 및 판매자협회」가 창설되었다. 필리핀에서는 남부 필리핀 일부지역 특히 민다나오(Mindanao)와 수루(Sulu) 지역에서 두리안이 재배되고 있다. 비사야(Visayas)섬과 루손(Luzon)섬에서는 두리안이 무성하게 자라지만 열매가 많이 생산되는 품종이 별로 없고, 잔지바(Zanzibar), 펨바(Pemba) 그리고 하와이에서는 열매가 많이 열리는 품종이 자라고 있다.

(http://www.filam.si.edu/curriculum/u1-popup-visayas.html)

<필리핀 비사야, 민다나오 및 루손 지역>

필리핀에 있어서 두리안 재배의 주요 문제는 고사율이 높은 역병(Phytophthora)이다. 그리고 하부구조(infrastructure) 개선비와 일차 가공된 과일의 저장 비용이 많이 소요되고, 시장정보가 매우 열악하다는 점이다. 뿐만 아니라 7,107개의 섬으로 구성된 필리핀의 지리적 특성상 열악한 수송시설과 빈약한 신용, 생산과 가공에 관련된 정부지원의 부족 등을 들 수 있다(CropsReview.Com, 2010).

■ 말레이시아 농업개발연구소(MARDI) 연구결과

말레이시아 농업개발연구소(Malaysian Agricultural Research and Development Institute; MARDI)는 정부의 농업연구개발연구소로서 두리안 생산의 향상 및 증산을 위한 연구를 진행하기 위하여 설립되었다. 이 연구소는 또한 누구든지 두리안 농장을 시작하기 원하는 사람에게 도움을 주고 자문을 제공한다. MARDI는 정부의 강력한 연구와 개발 지원정책에 힘입어 말레이시아의 두리안 재배를 발전시키는데 목적이 있다고 할 수 있다.

MARDI는 좋은 두리안 품종과 신품종 개발에 관한 연구를 진행하고 있다. 지금은 약 390여개의 두리안 종류와 신품종이 있는데, 이들 가운데서 인기 있는 육종품은 D2, D16, D24, D99, D168, D123, D144 및 D145 등이다.

새로운 품종 개발의 주요 목표는 보다 강력한 내병성(耐病性)을 지니고 동시에 보다 빨리 열매를 맺는 조생종(早生種) 묘목의 개발이라고 할 수 있다. 물론, 새로 개발된 품종의 묘목을 평가하기 위해서는 오랜 시간이 소요되는데, 이는 새로운 품종이 열매를 맺는 데는 7~10년이 소요되기 때문이다.

(http://www.gsndev.org/archives/webs/durian/nffacts.html)

〈말레이시아의 도서관과 로고〉

(http://www.gsndev.org/archives/webs/durian; gardenology.org/wiki/Durian)

〈위: 양묘장과 어린 묘목, 아래: 두리안 생장(6주와 8개월〉

말레이시아에서는 두리안의 주요 생산기간이 6~8월이며, 일 년에 두 번 열매를 맺을 수 있다. 즉, 말레이시아에서 두리안은 보통 1년에 1번 수확하지만 좋은 조건이면 2번도 가능하다는 것이다.

세계적인 두리안 생산지가 되어버린 태국과 베트남에서도 지속적인 두리안 품종의 개발과 연구가 진행 중이다. 그리고 계속해서 새로

〈태국의 양묘장〉

〈미얀마의 양묘장(좌)과 말레이시아의 묘목포트(우)〉

운 묘목을 개발하고 있다.

두리안 묘목기술자들의 기술과 풍부한 경험 축적으로 묘목의 품질이 많이 향상되고 있다. 특히, 기존에 사용하던 아접(芽椄)기술(bud grafting technique)을 향상시킨 U-접목기술(U-grafting technique)[23]이 보급됨에 따라 4~5배의 많은 묘목 생산이 가능하게 되었다.

이 과정에서 매우 중요한 것은 병해 확산을 방지하기 위하여 내병성(耐病性) 또는 무병성(無病性) 묘목을 만드는 것이다. 묘목들은 포트에 심으면서 또는 접목과정에서 궤양병에 감염되기 쉬운 것이 약점이다. 그래서 묘목단계에서 곰팡이 제거를 위한 살균제를 사용하는 것이 궤양병의 방제에 매우 유용한 것으로 밝혀졌다(Nguyen Minh Chau et al, 2002).

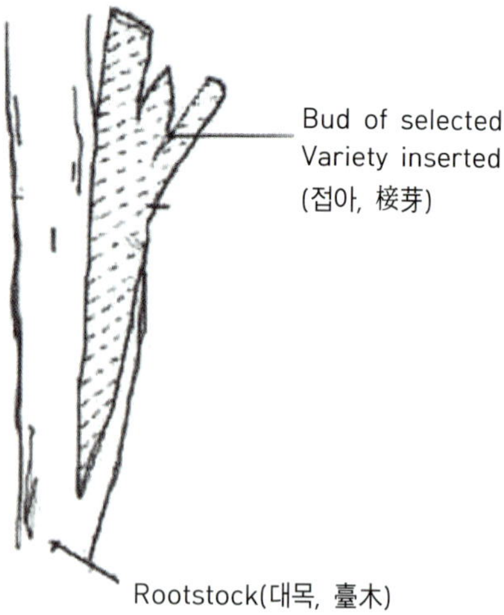

(http://www.fftc.agnet.org)

〈U-접목기술 : 대목에 새 품종을 접목〉

23 U-접목기술(U-grafting technique)은 18~24개월 된 두리안나무의 대목(臺木)/근경(根莖) 중에서 직경 2.5~3.0cm 정도 크기 대목을 골라서 U자 형태로 절개해서 접목을 하는 방식이다.

〈두리안 어린 묘목 식재 후 차양막 설치(미얀마)〉

■ 두리안의 주요 생산지역

두리안은 브라질(Brazil)의 아마존 그리고 아프리카 케냐(Kenya)와 같은 곳에서도 생산이 되고 있다. 이 지역의 두리안은 육질이 매우 얇고 적기 때문에 두리안을 견과(堅果)인 '너트'(nut)라고 부르면서 과육을 먹지 않고 씨앗만을 먹는다. 또한 야생의 호랑이, 코끼리, 오랑우탄 원숭이 그리고 곰과 같은 짐승들도 두리안을 즐겨 먹는다. 그렇기 때문에 두리안 재배지역에서는 야생동물과의 경쟁이 필연적인 셈이다.

(http://www.gsndev.org/archives/webs/durian/nftree.html)

<동남아시아 및 호주 두리안 생산 중심지>

두리안은 수익성 때문에 다른 열대지역인 인도, 스리랑카, 캄보디아, 미얀마, 태국, 말레이시아, 인도네시아, 필리핀, 파푸아뉴기니, 미국 플로리다, 하와이, 남중국의 하이난섬(Hainan Island) 등으로 확산되었다(chemeurope.com).

미얀마와 같은 곳에서는 평지에 두리안 농장을 만들고 건기에 물을 확보하기 위하여 나무 주위에 흙으로 작은 둑을 만들어 재배하고 있다. 그러니 비가 많은 말레이시아는 산기슭에 두리안을 식재하여 재배하고 있다. 따라서 평지의 농장과 산기슭의 농장에서 자란 두리안의 수고는 상당한 차이가 있다.

(http://www.travelmalaysiaguide.com/malaysia-maps/)
〈말레이시아의 조호르 지역과 페라크 지역〉

<미얀마 평지(위)와 말레이시아 산림지역(아래)의 두리안 농장>

미얀마의 평지에서는 비교적 수고를 낮게 조절하여 두리안의 수확이 편리하도록 관리를 하고 있다. 일반적으로 두리안의 수고는 5~10m정도로 토양과 수분 그리고 기온 관리만 가능하다면 우리나라의 온실에서도 충분히 재배가 가능할 것으로 보인다.

최근에는 두리안이 호주에서도 재배되고 있다. 그러나 여전히 주된 생산지는 태국, 말레이시아 그리고 인도네시아 지역이라고 할 수 있다. 말레이시아에서는 생산량의 50%가 조호르(Johor)州와 페라크(Perak)州에서 생산된다. 최근 2009년도에 발표된 자료에 의하면 말레이시아에서 두리안 식재면적이 약 11만ha로 과수 중에서 가장 넓은 재배면적을 차지하고 있다고 보고된 바 있다.

■ 두리안의 육종

말레이시아 농림부에 의하면 1934년 이후 200개 이상의 영양번식에 의한 품종[24]이 확인되었으나 대량생산을 위해서는 현재 10여개의 품종이 권장되고 있는 실정이다. 그들의 대부분은 지역 토종 품종들이다.

▪ 영양번식에 의한 품종의 특징

두리안의 특징을 살펴보면, 식수 후 5~6년이면 과일 생산이 가능하며, 일반적으로 많은 열매를 맺는다. 그리고 궤양병에 대해 면역성이 있으며, 다양한 종류의 토양에 식재할 수 있다(Durian Community Planters, 2011).

D2 : 토종 품종으로서 말라카(Malacca)州가 원산지이다. 이 품종은 긴 타원형으로 섬세한 가시들이 껍질에 있다. 과육은 두껍고 옅은 노란

24 영양번식이라는 것은 한 개체로부터 포기나누기, 삽목과 접목 등의 영양번식으로 증식되어 같은 유전자형을 갖게 되는 번식법을 말한다. 예를 들어, 한 나무인데도 어느 가지는 크고 좋은 과실이 열렸다고 가정한다. 그렇다면 그 가지에 돌연변이가 일어난 것이다. 이 가지를 잘라서 삽목, 접붙이기, 포기나누기 등의 영양번식을 하면 새로운 품종이 만들어지는 것이다.

색이고 육질의 조직이 약간 거칠지만 고품질에 해당한다. 다토니나(Dato Nina)라고 더 잘 알려진 두리안이다.

D10 : 과일은 둥근 타원형으로 과육은 두껍고 연초록색이다. 과육은 생강처럼 노랗고 단정하게 배열되어 있다. 맛은 달고 크림처럼 부드럽다. 이 품종은 셀랑고르(Selangor)가 원산지이다.

D24 : D10보다 더 둥글게 생겼으며, 두꺼운 껍질은 연초록색이다. 과육은 노란색이고 비교적 크며 부드러운 조직을 갖고 있다. 맛은 달콤씁쓸하다. 이 품종은 싱가포르의 부킷 메라(Bukit Merah) 그리고 페락(Perak)州가 원산지이다. 과실모양은 타원형이고, 보통 크기이며 과실 무게는 1~2.8kg이고 가시가 날카롭고 가늘다.

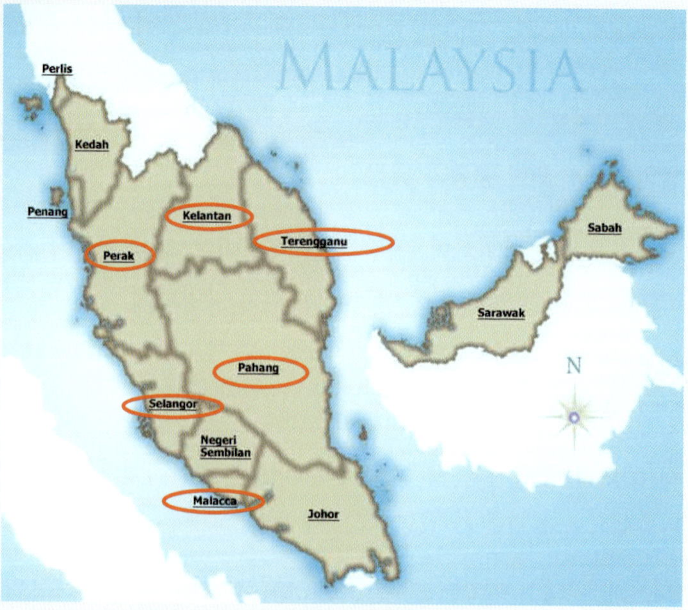

(http://www.travelmalaysiaguide.com/malaysia-maps/)
<말레이시아의 페락, 켈란탄, 파항, 셀랑고 및 말라카 지역>

〈육종품종 : ❶ D2, ❷ D10 및 ❸ D24〉

D99(Kop) : 과육은 담황색이며 달고 크림 같은 맛을 지니고 있고, 원산지는 태국이다. 과실이 둥글고, 보통 크기로서 1~2kg 정도이다. 껍질은 초록색에서 갈색이고 가시가 짧고 날카롭다.

D123(Chanee) : 차니(Chanee)로도 알려진 품종으로 태국이 원산지이다. 과실은 큰 타원형이고, 과육은 두껍고 노랑색이며 조직이 거칠지만 단맛을 소유하고 있다. 과실 1개당 무게는 2~4kg이고, 껍질은 초록색에서 적갈색이고 가시가 크다.

D145(Berserah/Mek Durian) : 베세라(Beserah), 쿠안탄 그리고 파항(Pahang) 지역이 원산지이다. 초록 두리안으로도 알려진 이 두리안 열매는 둥글고 초록색의 길고 두꺼운 가시로 덮여 있다. 육질은 적당히 두껍고 오렌지와 같은 노랑색이며, 부드러운 조직이다. 맛은 달콤하고 크림처럼 부드러우며 매우 고품질이다. 과실은 보통 크기로서 무게는 1~2kg 정도이며, 과실 끝에 돌기가 있다.

D158(Kan Yau) : 과실은 타원형으로 15~17cm정도이며, 무게는 2~4kg 정도이고 색깔은 갈색을 띤 초록색이다. 과육은 노란색이며 부드럽고 맛이 좋고, 태국이 원산지이다.

〈육종품종 : ❶ D99, ❷ D123, ❸ D145 및 ❹ MDUR 78(D24 D10)〉

D159(Man Thong) : 과실은 커서 무게가 4~6kg정도이며, 긴 타원형이고 끝부분에 둥글고 끝에 돌기가 있다. 가시는 갈색을 띠고 과육은 노란색으로서 부드럽고 맛이 뛰어나며, 원산지는 태국이다.

D168 : 소비자들로부터 과일에 대한 수요가 크기 때문에 매우 인기가 높은 품종이다. 이 품종은 동시에 해자 아스마(Hajjah Asmah), 두리안 마스 무아르(Durian Mas Muar) 또는 두리안 로이(Durian Loi) 라고 불리는데, 이는 '내고향'이라는 의미의 무아르가 원산지인 것으로 보인다. 중간 크기의 과실이 생산되며 과병이 4cm 정도로 매우 짧다. 과실은 약간 회색의 푸른색이고 평균 1.5kg의 무게를 지닌다. 이 품종의 특징은 노란색의 과육이 쓰고 달콤한 맛이 난다는 점이다.

D169 : 보통크기의 과실로서 평균무게는 1~2kg정도이고 긴 타원형

이다. 과육은 노란색으로서 두껍고 부드러우며 원산지는 말레이시아의 켈란탄(Kelantan)으로 알려져 있다.

D175 : 우당메라(Udang Merah)라고도 하는 품종으로 풀라우 피낭(Pulau Pinang)이 원산지인 것으로 알려져 있다. 지난 1990년 6월에 공식 등록된 품종이다. 그러나 두리안을 애호하는 소비자들은 상대적으로 높은 가격에 신경 쓰지 않고 이 품종을 선호한다. 이 품종은 황토색의 과육을 가졌으며 매우 맛이 독특하고, 과실의 평균 무게는 1.5~3.0kg 정도이다.

MDUR 78(D10 D24)/D188 : 타원형으로 길고 둥글게 생겼으며 연초록색을 지니고 있다. 육질은 두껍고 크며 오렌지색의 부드러운 조직을 갖추고 있다. 이 품종은 1991년 8월에 공식 등록되었으며 말레이시아에서 가장 최근에 개발된 품종의 하나이다. 이것은 D10 품종(♀)과 D24(♂)을 교배하여 만든 품종으로 MARDI에서 등록한 품종으로 알려지고 있다.

MDUR78은 MARDI Durian으로서 1978년부터 연구가 시작되었다는 것을 뜻한다. 이 두리안의 무게는 대개 1.5~1.8kg 정도이다. 과육은 섬세한 조직으로 구성되어 있고, 단맛과 중간 정도의 향을 지녔다. 종자는 과일을 수확한 시점으로부터 약 70시간이 지난 이후에 싹이 날 수 있고, 중간 크기이다.

MDUR 79(D24 D7)/D189 : 평균 1.0~1.6 kg 무게의 둥근 과실이 열리고, 그 열매는 암(暗)녹색이다. 과육이 두껍고 노랑색으로 강한 냄새가 난다. 쓰면서도 단맛이 나는 특성 때문에 소비자들이 좋아하는 품종이다. 육질은 MDUR 78과 거의 같으며 맛도 비슷하다. MARDI에서 D24품종(♀)과 D10품종(♂)간의 교배에 의해 개발되었다. 지난

1991년 8월에 공식 등록된 품종이다.

MDUR 88(D24 D10)/D190 : MARDI에서 D24(♀)과 D10품종(♂)간의 교배로 만들어진 품종으로 1992년 7월에 등록된 품종이다. 이 과일은 둥근 형태이며 평균 무게가 1.0~1.6kg으로 껍질은 매우 두껍고 연초록색이다. 과육은 두껍고 노란 황금색이고 중간정도의 향을 지니고 있다.

D197 : 최근 수요측면에서 소비자들이 즐겨 찾고 있기 때문에 최고의 두리안 품종으로 인정받고 있다. 일명 '두리안 쿠닛'(Durian Kunyit)이라고도 하며 1993년 12월에 등록된 품종이다. 말레이시아 켈란탄(Kelantan)州의 타나메라(Tanah Merah) 지역이 원산지인 것으로 알려져 있다. 최근 캘란탄州의 구아무상(Gua Musang) 지역의 두리안 농장에서 육성되었기 때문에 '무상왕'(Musang King)으로 더 잘 알려진 품종이다. 과일이 길고 둥근 형태이며 껍질이 연한 녹색이다. 과육은 짙은 초록색이며 매우 두껍고 달큼하면서도 쓴맛이 난다. 과일의 가격은 RM20~25/kg 수준이다(Anim Agriculture Technology, 2010.).

(http://www.fizlynn.blogspot.com & http://www.durian-king.com; http://www.malaysianfruits.wordpress.com/2009/08/19/durian-raja-kunyit/)

〈두리안 쿠닛(Kunyit) 품종〉

Chapter 3

두리안의 재배 및 생산

수정

꽃

일반적으로 두리안은 식재한지 4~5년이 지나면 꽃을 피우기 시작한다. 두리안의 꽃은 40~50개가 한 곳에 매달려서 피는 클러스터(cluster) 형태로 성숙한 나무의 줄기나 오래된 가지에서 형성된다. 물론 꽃의 형태나 개화기간은 두리안의 연령과 종류에 따라서 다르며 그리고 기후여건이나 지리적인 환경요인에 따라서도 달라진다. 일반적으로 꽃은 일 년에 1~2회 개화하는데, 야간에 개화되었다가 낮이 되면 꽃잎을 닫는다. 개화기간은 보통 2~3주 정도이다.

두리안의 꽃자루는 길이 5.0~6.0cm, 직경 1.0~1.2cm 정도이다. 잎의 길이는 6.25~25.0cm 정도이고, 넓이는 2.5~9.0cm 이다. 흰색의 꽃잎이 5개 정도인 꽃의 넓이가 5.0~7.5cm 정도이며, 꽃받침을 지닌 3~30개의 꽃이 클러스터 형태로 피는데, 오래되고 큰 가지나 나무줄기에서 발생된다. 잎은 해맑은 초록에서 흑갈색(黑褐色)에 이르는 다양한 색을 지니며 잎의 앞면은 매우 윤기가 흐르고 잎의 뒷면은 적갈색(赤褐色)을 지니고 있다.

두리안의 꽃봉오리는 연합된 악상총포(沂狀總苞)로 덮여있다. 꽃받침 조각은 4~6개 이고, 꽃잎은 대개 5개이며 노란색이다. 클러스터 형태의 꽃다발이 만개해서 수정되면 많은 과실이 열린다. 그러나 한 클러스터에서 많은 과실이 열리면 과실의 크기가 작아져 상품 가치를 떨어뜨린다. 따라서 많은 과실이 한 곳에서 열릴 경우에는 소수의 과실만 남겨두고 솎아줘야 한다. 그렇지 않으면 일부 과실은 제대로 성숙하지 못한다. 가지에서 꽃은 많이 피어도 과실이 1~2개 정도로 그치는 경우를 보게 되는데, 이것은 상품성을 고려하여 과수관리 과정에서 적절하게 열매를 솎아내기 때문이다.

〈가지에 달린 클러스터 형태의 두리안 꽃〉

〈위: 과실형성 과정〉

〈아래: 수정된 과실을 적절히 솎아낸 경우(좌)와 솎아내지 않은 경우(우)〉

■ 수정(受精)

두리안은 풍매(風媒)로 수정이 된다는 증거가 없고, 야간에 주로 박쥐들이 넥타(nectar, 과즙)을 찾아서 꽃을 방문하면서 수분(受粉)을 옮기는 것으로 믿고 있다. 꿀벌도 수분 매개자로 이른 오후시간에 꽃을 찾아다닌다. 자연수분은 밤에만 가능하다. 꽃이 늦은 오후에 만개하기 때문에 오후 5시부터 오전 6시까지 수분을 수용할 수 있다.

일반적으로 꽃가루는 다음날 아침까지 생존하지 못한다. 그래서 밤중에 활발한 수정활동이 일어난다. 수정 매개체 중에는 과일박쥐(fruit bats)나 거미 그리고 개미가 있다. 특히, 박쥐는 두리안의 꽃에서 넥타[25]를 찾아서 먹는다. 그렇기 때문에 밤에 활동이 왕성한 박쥐가 주로 수정작업을 하는 것이다. 박쥐가 두리안 농장에서 중요한 것은 바로 이러한 이유 때문이다.

(http://www.blueplanetbiomes.org)

〈수정작업을 하는 박쥐〉

25 넥타(nectar)는 원래 식물에서 분비되는 꿀 또는 맛있는 음료를 지칭하는 말이다. 그리스 신화에서 나오는 '넥타르'(nektar)는 신들이 마신다는 영주(靈酒)로서 마신 사람에게는 불로영생의 힘을 준다는 전설이 있다.

떨어져도 나무 그 자체는 생존이 가능하다. 반대로 인도에서는 최고 46℃ 까지도 일시적으로 온도가 상승하는 경우도 있지만 두리안은 잘 생존하고 있다.

농장에 식재된 어린 묘목은 건기(乾期)에 매우 민감하며, 만약 3개월 이상 장기간 건기가 계속된다면 묘목은 고사(枯死)할 수 있다. 따라서 어린 묘목의 치사율(致死率)을 줄이기 위해서는 관개수가 필요하다. 관개수가 없을 경우, 연간 강우량이 1,500~3,000mm를 유지하면서 고르게 잘 분배되면 두리안 재배에 이상적이다. 그러나 꽃을 피우고 수정을 하기 위해서는 3~4주 정도의 건기도 필요하다.

두리안의 입지 조건은 유기물이 많은 모래와 점토로 된 진흙 양토(壤土)이면서 약간 산성토양(pH 5.6)에 잘 적응한다. 이러한 토양은 대개 구릉지의 비탈진 기슭에 분포한다.

태국의 찬타부리(Chantaburi) 지역은 두리안 재배를 비교적 평지에서 하고 있지만, 말레이시아 페낭 지역에서는 비탈진 언덕이나 산기슭에서 재배하고 있다. 미얀마의 두리안 농장은 주로 평지에 분포하고, 건기에 물이 부족하기 때문에 관개시설(irrigation)을 설치한다. 관개시설(irrigation)은 식재된 두리안 주위에 작은 흙둑(leuu)을 만들어 물이 조금이라도 더 오랫동안 머무르게 하고 있지만 배수에 별다른 문제가 없는 지역에 설치해야 한다.

그렇기 때문에 두리안 재배지는 완만한 경사를 지니면서 평지형태인 땅이 적합하다고 할 수 있다. 하지만 황산을 함유하거나 이탄질 토양, 사질토(砂質土) 그리고 배수가 잘 되지 않는 땅은 피해야 한다. 왜냐하면, 두리안의 뿌리는 고여 있는 물에 매우 민감하기 때문이다. 또한 고여 있는 물은 두리안 병해의 확산을 촉진하기 쉽기 때문이다.

<미얀마 두리안 농장과 관개시설>

■ 두리안의 수확시기

태국의 경우 조생종은 만개한 이후 95~105일, 만생종은 130일 이후에 수확이 가능하다. 하지만 국가나 지역에 따라서 그리고 두리안 농장의 재배환경 등에 따라서 다소 차이가 있을 수 있다.

스리랑카에서는 일반적으로 두리안의 꽃이 3~4월에 피고 과일은 7~8월에 성숙하지만 기후에 따라서는 상당히 차이가 있을 수도 있다. 말레이반도에서는 3~4월과 9~10월 두 차례의 과일 생산이 가능하기도 한다.

비록 두리안 시장이 장밋빛처럼 전망이 좋아 보이지만 두리안 생산자들은 매년 많은 어려움에 직면하게 된다. 가장 주된 문제는 과일이 비슷한 시기에 성숙하고, 수확기가 2~3개월에 끝난다는 점이다. 이는 세계시장에서 두리안이 일시적으로 과잉 공급되어 시장가격이 폭락한다는 점이다. 그리고 또 다른 문제는 설익은 두리안의 수확이다. 설익은 두리안은 맛이 떨어지며 과일의 이미지를 떨어뜨린다는 것이다.

<두리안의 익은 열매를 거두기 위한 그물망>

■ 세계의 두리안 생산

두리안은 이미 언급한 바와 같이 동남아시아 열대지역의 말레이시아, 태국, 베트남, 인도네시아, 필리핀, 캄보디아, 미얀마,[26] 스리랑카에서 뿐만 아니라 남미의 브라질, 온두라스(Honduras), 푸에토리코(Puerto Rico) 등지에서도 생산되고 있다.

태국 : 원래 두리안의 원산지는 아니지만 오늘날 두리안의 세계의 최대 생산국이며 고품질 두리안 수출국이다. 지난 2000년도 태국 총 생산량은 약 82.6만 톤 수준이었으며, 이는 약 23억 바트(Baht)[27]

---

26 고대의 버마(미얀마)왕들은 신하들을 시켜서 150Km 떨어진 지역에서 생산되는 두리안을 뛰어가서 왕궁으로 가져오도록 했다는 기록이 있다. 그 이후에 버마에서도 두리안을 심기 시작한 것으로 보고 있다 (http://www.JuiceFeasting.com, 2007).

27 2000년 12월 30일 기준 $/BHT = 0.0232 또는 BHT/$ = 43.1

정도의 금액이다. 주요 생산지역을 살펴보면 찬타부리(Chanthaburi) 지역에서 태국 총생산량의 32%, 춤폰(Chumphon) 지역 15%, 그리고 라용(Rayong) 지역에서 14%를 생산하고 있다. 지도에서 확인할 수 있듯이 이들 지역은 모두 태국의 동남부지역에 위치하고 있다.

(http://www/sacred-destinations.com/thailand/images/maps/thailand-south-zoom6-lg.gif)

〈태국 남부의 춤폰, 라용 및 찬타부리 지역〉

그리고 지난 2001년에는 태국이 약 65만 Rai[28]의 면적에서 83만 톤의 두리안을 생산하여 세계 총생산량(약 140만 톤)의 59% 이상을 차지하였다(Department of Agricultural Economics, Thailand).[29]

한편, 두리안의 식재면적은 1990년대 초의 96,000ha 수준에서 2000년경에는 약 125,000ha 수준으로 동기간 약 30%의 증가율을 보였다. 그리고 수확면적은 식재면적의 78~82% 수준으로, 시간이 흐름에 따라서 그 비율이 높아지고 있다. 이는 관개시설의 발달과 병해충 방제 기술의 발달로 인하여 자연재해 피해면적을 그 만큼 줄일 수 있음을 간접적으로 나타낸 것으로 볼 수 있다. 연평균 생산량은 739,094톤으로 나타났는데, 최저 463,942톤에서 최고 917,689톤까지 변동폭이 매우 큰 것으로 보인다.

단위 면적당 산출고는 약 1,289Kg/rai로서 이는 약 8.1톤/ha 수준을 의미한다. 이 산출고 역시 매년 변화의 폭이 커서 최저 4.7톤/ha에서 최고 9.6톤/ha 수준으로 나타났다. 양질의 두리안 농장에서는 10~18톤/ha의 생산도 매년 가능하다.

태국정부는 2000년대 초에 「농민지원정책계획위원회」(Farmer Support Policy and Plan Committee)에서 3억 Baht, 약 $765을 「농산물수출진흥과」(Department of Agricultural Export Promotion)에 지원하여 낮은 두리안 가격을 안정시키도록 하였다. 그리고 농민들은 두리안의 유통시장을 활성화시키는 일에 협력하고 있어서 정부의 적극적인 생산 및 유통촉진정책이 효과를 거두고 있는 실정이다.

농업생산기술을 담당하는 부서에서는 많은 두리안 연구로 태국 두

---

28 Rai는 태국의 면적 단위로서 약 1,600m^2(40m×40m)에 해당한다. 따라서 1ha =10,000m^2 이고 1 Rai = 0.16ha 이다.

29 태국의 두리안 주요 생산지역은 Chantaburi, Rayong, Trat, Chumporn, Suratthanee 그리고 Narathiwat 등지이다.

리안의 생산량은 매년 12% 정도 증가될 것으로 예측하였다. 전략적 수출 과일인 두리안에 대한 정부의 장려정책에 힘입어 많은 농민들이 두리안 재배면적을 확장하면서, 최근의 두리안 재배면적은 태국 총 작물면적의 7.3%에 이를 정도이다. 이와 같이 태국은 매년 99.2만 톤 이상의 두리안을 생산하고 있으며, 말레이시아와 인도네시아에서도 두리안 재배면적이 증가하고 있는 추세이다.

말레이시아와 인도네시아 : 말레이시아는 매년 30~40만톤, 그리고 인도네시아는 20만톤 정도의 두리안을 생산하는 것으로 보고되고 있다(http://www.CropsReview.com, 2010). 물론 필리핀과 다른 ASEAN(Association of Southeast Asian Nations)[30] 국가에서도 두리안을 생산되지만 그 물량이 차지하는 비중은 매우 낮은 편이다[31].

말레이시아는 약 65,000ha의 재배면적에서 30~40만 톤 정도의 두리안 생산하는데, 주로 페라크(Perak) 및 조호르(Johor)지역에서 집중적으로 생산되고 있다. 수확기는 6~9월로 태국과 겹치지 않으며, 대부분의 품종이 지역종이거나 야생종이 많은 것이 특징이다. 좋은 두리안 농장에서는 최고 10~18톤의 두리안을 생산할 수 있다. 이것은 두리안 한 그루당 50개의 과실을 수확할 수 있다는 것을 의미한다.

태국과 말레이시아에서 두리안 생산은 6~7월에 가장 많이 이뤄지고 있고, 인도네시아에서는 10월부터 익년 2월까지 생산 절정을 맞이

30 경제성장 및 사회 · 문화 발전을 가속시키고 동남아 지역의 평화와 안전을 추진하기 위해 1967.8.8 인도네시아 · 말레이시아 · 필리핀 · 싱가포르 · 태국에 의해 설립된 국제기구. 1984년 브루나이, 1995년 베트남, 1997년 라오스와 미얀마, 1999년 캄보디아의 추가 가입함으로 회원국은 모두 10개국이다. 주요 사업은 경제협력과 발전, 회원국 간 또는 회원국과 비회원국 간 무역촉진, 그리고 회원국 간의 공동연구와 기술협력 계획을 포함한다. 'ASEAN+3'는 한국, 중국, 일본을 포함한 ASEAN 협동포럼을 의미한다.

31 http://www.dit.go.th/agriculture/durian

한다. 남부 수마트라의 생산 절정기는 6~9월이다. 국가별 수확시기는 이처럼 다양하고, 출하량도 다르게 나타나고 있다. 태국과 말레이시아 그리고 필리핀의 경우를 조합해보면 2월부터 10월까지 두리안의 생산 및 출하물량이 지속될 수 있음을 알 수 있다.

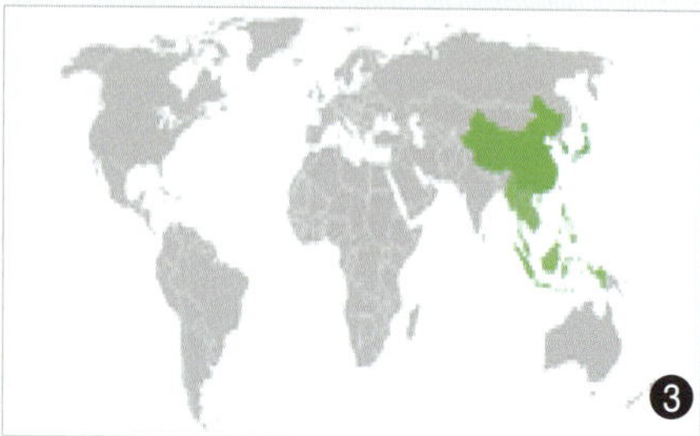

(http://en.wikipedia.org/wiki/ASEAN%2B3#ASEAN_Plus_Three)

〈❶ 자카르타 ASEAN 본부 ❷ ASEAN ❸ ASEAN+3〉

필리핀 : 필리핀에서 두리안은 대부분 민다나오섬에서 생산되고 있다. 지난 2003년의 경우 남부 민다나오섬에서는 약 4만 톤의 두리안이 생산되었고, 이들 물량은 대부분 내수용으로 소비되고 있다. 그 외 서부 및 동부 비사야(Western & Eastern Visayas) 그리고 남부 따갈로그(Southern Tagalog)에서도 두리안이 생산되고 있다.

■ 두리안 생산시기

국 가	01	02	03	04	05	06	07	08	09	10	11	12
타일랜드			소	중	대	대	소	소				
말레이시아	중	대	대	소	소	소	대	대	소	소	중	중
필 리 핀							소	중	대	대	소	
공급량 범례 : 소-소량; 중-중간량; 대-최대량												

자료 : Durian Production(http://www.Foodmarketexchange.com, 2011.07.).

위의 자료를 보면 동남아 지역에서 두리안을 연중무휴로 시장에 공급할 수 있음을 알 수 있다. 두리안의 가용량은 전형적으로 2~3개월의 짧은 수확기에 영향을 받는다. 물론 그 여타의 시기에도 상대적으로 적은 물량이 공급은 되고 있지만, 최대 생산량 시기가 매우 짧다는 것이다.

(http://www.asia.theworldatlas.net/indonesia/map.html)
〈인도네시아 수마트라섬〉

■ 두리안의 성숙

두리안 과실의 성장은 만곡선 형태를 따른다. 과실 성장은 수정 후 13주까지 매우 빠르게 일어난다. 그 이후 제16주(112일)까지는 성장속도가 느려지는데, 이 때 과실은 성숙에 도달하게 되며 나무에서 저절로 떨어지기 시작한다. 그리고 두리안 과실은 땅에 떨어진 이후 2~3일 동안에 완전 성숙된다. 나무에서 직접 수확하는 과일은 개화기 후 15주(105일)째에 수확을 한다. 두리안이 익는 동안에 껍질의 색깔은 거의 변하지 않는다. 그렇기 때문에 과실의 완전 성숙 정도는 냄새나 겉껍질을 때렸을 때 들리는 속이 빈 소리에 의해 판단을 하게 된다.

두리안의 수확은 적기에 이뤄지는 것이 매우 중요하다. 성숙지수(maturity index)는 고품질 과일의 수확을 확실하게 하는데 이용된다. 수확지수 구성요소의 하나는 개화 또는 수정 이후부터 성숙까지의 날자 일수이다. 물론 이 날자 일수는 품종에 따라 다르다.

성숙지수의 다른 구성요소는 다음과 같다.

- 과일 껍질이 옅은 갈색에서 연초록으로 변한다.
- 과일 껍질을 두드리면 둔탁하고 속이 비어있는 소리가 난다.
- 달콤한 향기가 강해진다.
- 껍질의 가시가 유연해지며 과실의 봉합선이 뚜렷해진다. 또한 꼭지의 기저에 홈이 커지고 색깔이 검게 변한다.
- 과실이 성숙해지면 과병이 두꺼워지고 보다 유연해진다.
- 성숙한 과일에서 나오는 과액(果液)이 달콤하고 맑아진다.

완전 성숙 : 과일이 90% 이상 생리적으로 성숙했을 때가 완전 성숙단계라고 할 수 있다. 완전 성숙은 과실의 가종피(aril)가 부드럽게 되는 것이 표식일 수도 있고 그렇지 않을 수도 있다. 완전 성숙된 과실을 나무에 달려있도록 내버려두면 과실은 자연적으로 떨어질 것이다. 또는 완전 성숙된 과일을 수확하면 먹기에 아주 좋은 품질일 것이다. 그러한 과일의 저장기간은 일반적으로 3~4일 미만이다.

초록 성숙 : 초록 성숙은 과일의 생리적 성숙도가 80~90% 수준에 도달한 상태이며, 상업적으로 판매가 가능한 수준이다. 이와 같이 '중간 이상'의 초록 성숙된 과일의 보관 기간은 약 5~8일 정도이고, '중간 이하'의 초록 성숙된 과일은 그 보관기간이 10~12일 이상 되지 못한다. 이러한 초록 성숙 과일은 수확한 후 시간이 지나면 먹기에 우수한 품질에 이른다.

미성숙 : 과일의 생리적 성숙도가 75% 이하로 미성숙 과일로 분류된다. 이 미성숙 과일은 수확 후 시간이 지나도 정상적으로 익지 않을 수도 있다. 비록 가종피는 부드럽게 될지라도 식용 품질은 일반적으로 떨어져 상업적 가치가 낮게 된다.

■ 두리안의 증식 및 재배관리[32]

시비(施肥)관리 : 두리안은 식재하여 5~6년이면 결실되기 시작하지만, 가지의 생장을 촉진시키기 위해서는 시비를 하지 않으면 안 된다. 그런데 일반 농가에서는 이러한 기간을 길게 느껴 두리안이 결실수령(結實樹齡)에 도달하는 것이 느리다고 시비 작업을 하찮게 여기곤 한다.

말레이시아에서 조사한 결과에 의하면, 두리안 7ton/ha 가운데 비료흡수량은 질소 16.4kg/ha, 인산 2.9kg/ha, 칼륨 28.5kg/ha, 칼슘 2.0kg/ha, 마그네슘 3.4kg/ha이라고 설명하면서 시비의 필요성을 강조하고 있다. 그리고 정식(定植)[33]후 최초 5년간은 화성비료(化成肥料)[34] 질소 14 : 인산 4 : 칼륨 3.5를 1그루 당 100g, 이후 수령 12년생까지는 성분을 12 : 4 : 7로 바꾸어 연간 2회 4kg 시용해야 한다고 규정하고 있다.

태국에서는 두리안의 재배를 위해 다음과 같은 시비법이 행해지고 있다.

- 정식초기(이식 후 2년까지) : 거름 5kg을 시용하거나, 300~500kg의 화성비료(질소 15 : 인산 15 : 칼륨 15)를 같은 양으로 나누어 3~4회 시비한다. 시용장소는 수관(樹冠) 밖 아랫부분에 깊이 5~10cm의 골을 파고 비료를 묻는다.
- 영양생장기 : 화성비료(12 : 24 : 12)를 전회(前回)의 시용으로부터 3~4개월 후에 시용한다.
- 개화 전 : 이 시기의 시비는 개화를 촉진시키기 위해 낮은 질소

32 자세한 내용은 PCRRD(2000) 참조.
33 온상이나 묘상에서 기른 묘목을 노지에 정식으로 옮겨서 식재하는 일.
34 화학비료의 원료 및 무기질산(요소 포함)을 혼합하고 화학적 처리를 하여 제조한 비료.

성분(9 : 24 : 24)을 시용하는 것이 좋다. 엽면산포용(葉面散布用)의 특별한 화성비료(10 : 52 : 17)를 첨가하여 시용한다.

- 결실기 : 칼륨 함유량이 높은 화성비료(13 : 13 : 21 또는 14 : 14 : 21)를 1그루 당 5～6kg을 3등분하여 3회 시용한다.

인도네시아에서 두리안 재배에 이용되고 있는 시비법을 다음의 표에서와 같이 설명하고 있다.

■ 인도네시아에서 두리안 재배를 위한 시비

발육단계	유기질비료 (kg/개체)	화성비료(15:15:15) (개체/월)	비 고
실생묘	1~2	작은 컵 1개	퇴비와 흙을 1:1로 혼합 (화성비료는 필요하다면 시용)
정식시(定植時)	15~20	-	퇴비와 흙을 혼합하여 정식하기 2주일 전에 시용
정식후 0~3개월	-	-	필요하다면 퇴비 시용
정식후 6개월	40	-	수관(樹冠) 아래에 골을 파고 시용
정식후 1년	60	40~80g	전량을 3회로 나누어 시용
정식후 2년	-	150~300g	전량을 3회로 나누어 시용
정식후 3년	-	400~600g	전량을 3회로 나누어 시용
결과(結果)개시기	100	-	화성비료 시용량은 수간의 생장에 따라 달리함(수간의 1cm생장에는 화성비료가 150~200g 필요)
정식후 10년 이상	200	-	화성비료의 시용량은 수간의 생장에 따라 달리함

■ 비료의 엽면산포

화성비료	농도	시용법
레드(Red) 하이포넥스 (25:5:20)	1g/L	주(週)에 1번 또는 수확 1개월 후 시용
그림(Green) 하이포넥스 (20:20:20)	-	4주간(週間)에 1번 또는 4개월 마다 시용
가비오타(Gaviota) (13(5):27:27)	2~3g/5~10L	주에 1번 또는 매월 1번 시용

※ 비료의 시용시기
- 퇴비　　10월, 1월(雨季) 4월(乾季)
- 화성비료 11월, 2월(雨季) 9월(乾季)

자료 : 熱帯果樹栽培ハンドブック(国際農林業協力協会, 1996)

두리안 묘목은 일관성 있고 지속적인 식물영양분의 공급이 필요하다. 처음 5년간 N : K : P : Mg의 비율 15 : 15 : 6 : 4가 매년 시비되어야 한다. 그 후 6년째부터는 N : K : P : Mg의 비율이 12 : 12 : 17 : 2가 권장되고 있다.

두리안은 지표면에서 양분을 섭취하는 식물인고로 제초작업과정에서 뿌리가 상하지 않도록 돌봐야 한다. 잡초가 나무 주위에서 자라는 것을 억제하는 뿌리덮개 멀칭작업이 도움이 된다. 동시에 이 멀칭은 토양수분을 유지하는데도 도움이 된다.

번식방법 : 종자, 할접(割接, Cleft Grafting), 아접(芽椄, patch budding) 등의 방법이 있다.

- 두리안의 종자는 과실에서 분리되면 빠르게 생명력을 상실되는데, 특히 햇빛에 잠시라도 노출되면 더욱 생명력이 떨어진다. 심

지어 저온 상태에서 보관하더라도 겨우 7일 정도밖에 저장되지 않는다. 그러나 만일 종자의 표면을 살균 소독하고 공기가 통하지 않는 기밀 그릇에 보관하면서 20℃를 유지하면 32일까지도 생명력이 유지될 수 있다. 만약 두리안 종자를 운반하고자 할 경우에는 건조를 예방하기 위해 코코넛 껍질섬유에 물을 적셔서 포장하면 된다. 신선한 종자는 납작한 면이 아래로 향하도록 땅에 심으면 3~8일 사이에 발아(發芽)가 된다. 그러나 종자를 씻어서 1~2일 정도 건조시킨 것을 심으면 발아율이 77~80%로 낮아진다.

- 아접은 생산하고자 하는 품종의 가지에서 눈을 도려낸 다음 대목에 눈을 붙이고 헝겊이나 플라스틱 테이프로 감으면 된다.

(http://www.ucce.ucdavis.edu/files/datastore/391-401.pdf)

〈아접〉

▪ 최근 베트남에서 많이 활용되고 있는 할접은 원하는 품종의 어린 가지와 대목(臺木)을 결합시키는 방법이다. 대개 할접은 휴면기인 늦은 겨울에 실시되는데, 자세한 단계적 작업과정은 다음과 같다.

(http://www.Aggie-Horticulture.tamu.edu)

〈할접의 순서와 방법〉

대목이 준비되면 대목의 줄기를 5~10cm 정도 깊게 섬세한 칼로 간격을 만든 후 임시 쐐기를 박는다. 접목을 하고자 하는 품종의 작은 가지의 접수(椄穗)를 대목의 벌어진 틈에 삽입한다. 이때 대목의 형성층 부분과 작은 가지의 형성층이 서로 일치되도록 접목하고, 대목의 부패를 방지하기 위하여 임시 쐐기를 조심스럽게 제거한 후 접목 왁스칠을 하면 된다. 그런 후에 봄철이 되어서 성장이 더디거나 약해 보이는 접수를 하나 제거하고, 상대적으로 강한 접수 하나만 남겨두면 된다.

경지준비 : 두리안 농장에 있는 모든 그루터기와 잡초를 깨끗이 제거할 필요가 있다. 그리고 두 번 쟁기로 갈고 세 차례 정도의 써레질을 해서 토양이 잘 풀어지게 해야 한다.

식수간격 : 두리안의 식수 간격은 1ha 당 몇 그루를 심을 것인가에 따라서 달라진다.

- 식수 거리는 대개 6~16m 간격으로 심어서 40~156수/ha, 심지어 30수/ha까지도 허용된다. 이 때 식수 거리가 좁으면 수령(樹齡) 8~10년경에는 간벌작업이 필요하다. 만약 간벌을 하지 않으면 수확량이 감소하게 된다.
- 식수 간격도 국가나 지역에 따라서 상이할 수 있으나, 필리핀 농업부에 의하면 식수 간격은 다음과 같다.
    - 5 × 10m = 200수/ha.
    - 8 × 8m = 156수/ha.
    - 10 × 10m = 100수/ha.

묘목관리 : 진흙 토양의 농장에 구덩이를 직경 50~100cm, 깊이 50~100cm 정도로 판다. 브루나이(Brunei) 농업부는 직경 1m, 깊이 0.5m의 구덩이를 권장하고 있다. 구덩이를 판 이후 적어도 2~4주 정도 건조시킨다. 그 다음 묘목이 자라고 있는 포트의 토양(흙덩이)에 손상을 주지 않게 포트를 제거하고, 묘목을 구덩이에 식재한다. 뿌리가 잘 성장할 수 있도록 나선형으로 자란 뿌리를 잘 정리한다. 가능하면 어린 묘목이 휴면상태에 있을 때 식재한다.

묘목을 식재한 구덩이는 가축분뇨와 혼합된 흙으로 덮고, 토양의 표면을 조심스럽게 눌러준다. 일반적으로 구덩이당 유기비료 또는 퇴비를 5~10kg 정도 넣는다. 그리고 새로 식재한 묘목의 생존율을 높이기 위하여 기후조건에 따라서 2주에서 수개월 정도 그늘을 만들어 줘야 한다.

두리안 열매를 생산하기 전에는 나무 사이에 계절적 작물을 재배할 수 있다. 초기에 두리안 나무 사이에 바나나 또는 파파야 나무를 3×3m 간격으로 심는 것을 권장한다. 왜냐하면 이러한 방법이 두리안 농장 토양의 습도 유지에도 도움을 줄 수 있기 때문이다. 그러나 두리안 열매가 열리기 시작하면 병해충 방제를 위해 계절적 식물을 모두 제거해야 한다. 말레이시아에서는 두리안 나무 사이에서 지속적으로 재배할 수 있는 과수품목으로서 람부탄(Rambutan), 너트메그(Nutmeg), 칠리 페퍼(Chili Pepper) 등과 같은 나무를 권장한다.

(http://www.rambutan.com; http://www.nunukphotos.com; http://www.tmseeds.com)

〈❶ 람부탄 ❷ 너트메그 ❸ 칠리 페퍼〉

■ 성장조절제

파클로부트라졸(Paclobutrazol, PBZ)과 멀티-K(Multi-K)와 같은 성장조정물질(PGR)을 잎이 성숙할 때 두리안에 뿌리면 그로부터 10~21일 후에 제철이 아닌 시기에도 개화를 촉진할 수 있다.

일반적으로 PBZ를 살포하면 제철이 아닌 시기에도 과실이 한 그루당 평균 80개 이상 열리며, 멀티-K를 뿌렸을 때는 평균 64개 이상 열리는 것으로 알려지고 있다. 두리안 생산자들에게 이러한 기술은 생산량을 향상시키고, 제철(수확시기)이 지난 시기에 상대적으로 높은 가격을 수취할 수 있기 때문에 추가적인 소득을 얻을 수 있다. 또한 일반 소비자들에게는 제철이 지난 때에 보다 많은 두리안이 공급되면 필연적으로 가격은 인하된다.[35] 그러면 소비자들은 보다 싼 가

35 http://www.da.gov.ph & http://www.lichee.org

■ 줄기 위생 및 열매 관리

제초 : 나무가 자라는 환경을 개선하고, 나무 주위의 위생조건이나 미(微)기후를 조절하기 위하여 나무 주위의 키가 큰 잡초의 제거작업을 손작업이나 기계작업(풀베는 기계, 제초기 등)을 해야 한다.

제초의 장점 : 두리안 나무와 경쟁하는 잡초를 제거하여 두리안의 생육을 촉진시킬 수 있으며, 두리안을 훔치는 도적의 은신처 제거에도 도움이 된다. 또한 궤양병을 유발하는 환경을 제거할 수 있다. 두리안의 경우 가장 흔한 병은 phytophthora(식물파괴 병원체)에 의한 식물 병원균에 의해 발병되며, 이 병원균에 감염된 개체는 살균제를 사용하여 피해가 확산되지 않도록 해야 한다.[36]

36 이러한 식물병에 걸린 경우에는 화학적으로 방제하기가 매우 어려운 것으로 알려져 있다. 따라서 대개 이러한 병에 대한 저항성이 강한 품종을 심는 것이 제일 안전한 방법이다. 기타 억제방법으로는 퇴비사용, 원활한 배수 등의 방법이 있다. 우선, 퇴비의 일부 박테리아와 곰팡이균은 토양성 식물파괴 병원체의 활동을 억제한다. 따라서 퇴비의 사용이 도움이 될 수 있다. 그리고 나무를 심는 토대를 높이고 이랑을 만들어서 배수가 잘되도록 하면 이 병의 억제에 도움이 된다. 끝으로 일단 감염된 식물의 줄기, 뿌리, 가지, 잎 등은 퇴비로 사용해서는 안 된다.

〈Phytophthora에 의한 나무궤양병〉

(Food & Fertilizer Technology Center, 2011)

〈Phytophthora에 의한 과일 궤양병〉

꽃과 과일 솎아내기 : 기형과(畸形果), 해충이 먹은 열매, 연약한 가지에 달린 열매, 단일 꽃자루에 많이 달린 열매 등은 솎아내며 불량한 과실은 처음부터 제거하는 것이 좋다.

(http://www.mixph.com)

〈꽃 솎아내기(좌)와 기형과(우)〉

(http://www.mixph.com)

〈단일 꽃자루에 달린 두리안 클러스터 모습〉

수령별 이상적 열매의 수는 얼마로 보아야 하는가? 절대적 기준은 아니지만 일반적으로 접목한 후 4년이 지나면 10~40개의 열매를 수확할 수 있고, 6년 정도 경과한다면 약 100개 그리고 10년 이상 되면 한 그루 당 200개 정도의 과실 수확이 가능하다.

- 4년생 나무 → 0~3개의 열매
- 5년생 나무 → 5~15개의 열매
- 6년생 나무 → 20~40개의 열매

때로는 나무에 버팀목 설치도 필요하다. 가지 등에 설치하는 버팀목은 열매와 가지의 파손과 상해를 방지하기 위함이다. 특히 가지에 많은 열매가 열리게 되면 버팀목의 역할이 매우 중요하게 된다.

(http://www.mixph.com)

<두리안의 버팀목 설치>

■ 두리안의 해외 이식

지금까지 살펴보았던 두리안은 동남아시아 지역 이외에서는 널리 보급되지 못하고 있는 실정이었다. 그러나 최근에는 냉장·냉동 수송시설의 발달로 동남아 이외의 원거리 국가들에게도 수출이 되고 있다. 약간의 두리안이 한국이나 일본은 물론 미국과 캐나다의 Deli(조제식품점) 가게에서 취급되고 있지만, 그 두리안은 동남아에서 수입된 것이다. 이러한 두리안은 보통 태국 품종인데, 해외수출을 위하여 완전히 숙성되기 전에 수확된 과일의 특성상 맛이 별로 없다.

두리안의 원산지는 동남아 특히 수마트라(Sumatra)와 보르네오(Borneo)이긴 하지만, 적도 아프리카나 중남미 또는 미국 남부 심지어 남부 지중해 유럽지역에까지 옮겨 심을 수 있다. 아마도 두리안이 이런 지역에 이식되지 못했던 이유는 과일의 냄새와 관련이 있을 것으로 생각된다. 동남아 이외 지역의 농민들은 과연 이 냄새나는 과일이 소비자들에게 팔릴 수 있을 것인지 확신이 없었다. 하지만 서유럽에서 동남아시아를 방문한 관광객이나 또는 장기간 거주했던 사람들 중에서 많은 사람들이 두리안을 즐겨 먹었다고 한다. 두리안을 시식했던 서구인들에게는 물론이고 동남아에서 두리안처럼 델리카시(delicacy)로 기여하는 과일은 거의 없다.

사과나 파인애플 또는 바나나를 먹기 위하여 하루에 10~20km를 운전하고 가는 사람들은 별로 없을 것이다. 우리는 대개 이러한 과일을 주위에 있을 때 먹는다. 그리고 주위에 이런 과일이 없을 경우에는 다른 과일을 먹기 마련이다. 그러나 두리안을 구하기 위하여 많은 사람들은 상당한 노력을 한다. 예를 들면, 자신의 토지에 두리안 묘목을 식재하기도 한다. 두리안의 과실은 생각보다 매우 낮은 높이에서 열리기 때문에 일기조건과 수분조건 그리고 토양조건이 적절하다면 정원이나 공터에서도 재배가 가능할 것이다.

〈낮은 가지에 핀 꽃 클러스터, 미얀마〉

고당도 다즙 과일 생산농법

두리안이나 람부탄 및 기타 과수의 경우 최고 품질의 과일을 생산하기 위해서는 가능한 좋은 품종의 나무를 심는 것이 중요하다. 그리고 푸멜로(Pummelo), 두리안, 람부탄 등의 과일은 보다 많은 칼륨과 미량원소(微量元素, micronutrient)를 사용할 경우 당도나 즙이 증가한다.

〈람부탄(좌)과 푸멜로(우), 말레이시아〉

또한 상품성이 높은 과일을 생산하기 위해서는 균형 있는 비료의 사용이 필요하다. 과수원 관리인들은 규칙적으로 과수에 적합한 비료를 적시에 적당량 시비할 필요가 있다. 물론 나무들이 열매를 맺기 전에 적절한 병해충 방제가 선행되어야 한다. 일반적으로 병에 감염된 과수는 많은 수의 열매가 맺히는 경향이 있다. 만일 이러한 열매가 모두 성숙하도록 방치하면, 그 열매는 품질이 하락하게 될 것이고, 수세(樹勢)가 약해져 나무가 죽게 될 것이다. 그렇기 때문에 병에 감염된 나무들은 열매가 맺히기 전에 병을 치료해야 한다.

적어도 개화기 2~3개월 전에 비료를 시비해야 한다. 혼합비료는 14 : 14 : 14(N : P : K)이고, 이와 더불어 미량원소 즉, 식물이 자라는 데 매우 적은 양이기는 하지만 꼭 필요한 원소가 공급이 되어야 한다. 혼합비료(14 : 14 : 14) 50kg당 boracol과 rhizocote 등과 같은 미량원소 1~2kg을 혼합하면 된다. 개화기를 잘 모르는 경우에는 연중 매 3개월마다 시비하면 된다.

시비해야 할 비료의 양은 나무의 상태에 맞추어 정해야 한다. 예를 들어 5년생의 수고 1.8~3.0m 정도 되는 과수에는 0.5~1.0kg 정도의 혼합비료가 사용되어야 한다. 비료는 줄기로부터 0.9~1.2m 정도 떨어진 주변에 5~10cm 정도 깊이의 구멍을 10개 정도에 파서 사용한다. 그리고 구멍에 주입한 비료는 흙으로 덮는다.

개화기나 과실이 옥수수 알만큼 성장한 시기에는 17 : 0 : 17의 혼합비료 즉, 질소-칼륨 비료를 시비해야 한다. 그러나 개화기에는 요소(尿素, Urea)를 사용해서는 안 된다. 왜냐하면 요소를 사용하면 꽃이 떨어져버리기 때문이다. 또한 최근 6개월 동안에 미량원소를 사용하지 않았다면 미량원소도 사용해야 한다. 과일이 익기 2~3개월 전에 질소-칼륨(17 : 0 : 17)과 탄산칼륨(0 : 0 : 60) 비료를 시비해야 한다.

생산된 과일 10kg당 혼합비료 17 : 0 : 17과 0 : 0 : 60의 1kg을 사용하면 즙이 많고 당분이 많은 두리안, 리치(lychee), 푸멜로, 람부탄 그리고 란존(lanzones) 등을 생산할 수 있다. 과수는 탄산칼륨을 많이 흡수해도 부작용은 없으며, 과일의 당분을 높이는 역할을 하는 것으로 알려져 있다. 그리고 과수원 관리인들은 토양의 pH(산도) 검사를 해야 한다. 그 이유는 산성토양은 일반적으로 칼슘이나 탄산칼륨 및 미량원소를 함유하지 않기 때문이다.

〈리치(좌)와 란존(우)〉

Chapter 4

두리안의 병해충

■ 주요 병해

지금까지 파악된 두리안 나무의 병은 약 45개 정도가 있는데, 주요한 병은 다음과 같다.

▪ 궤양병

궤양병(潰瘍病)은 두리안 재배시 가장 심각한 병이다. 궤양병에 감염된 나무는 껍질의 부패, 줄기의 수지병(樹脂病) 그리고 가지나 줄기의 고사병(枯死病)을 유발시킨다. 그 결과 나무가 죽고, 다른 나무에게 병을 전염시킨다. 방제방법은 물이 고이지 않도록 적절한 배수시설 설치, 줄기 주위의 초목제거, 내병성(耐病性)이 큰 대목(臺木) 사용 등이다. 만약 궤양병에 감염되었다면 살균제인 Maneb입제(상품명

(http://gsndev.org/archives/webs/durian)
〈궤양병에 걸린 나무줄기와 가지〉

Ridomil)를 바르거나 살포해야 한다.

궤양병은 *Phytophthora palmivora* 라고 하는 곰팡이가 일으키는 병이다. 이 곰팡이에 감염되어 물에 젖으면 검은색으로 변하고, 희끄무레한 꽃처럼 생긴 솜과 같은 균사(菌糸 mycelia)가 갈색 반점으로 변한다. 만약 궤양병에 의한 부패가 두리안 껍질에 발생한다면 과일 내부로 전염되어 씨앗으로까지 확대될 수 있다.

궤양병이 나뭇잎에서 발병하여 적갈색 검(gum)이 새어나오면 줄기와 뿌리로 전이되어 나무가 죽어버리기도 한다. 전체 13개의 품종의 나무를 대상으로 한 실험결과 2개 품종을 제외하고 11개 품종이 궤양병에 감염되기 쉬운 것으로 드러났다(Morton, 1987).

궤양병을 일으키는 곰팡이균은 과일이 가지에 달려 있거나 땅에 떨어진 후에도 과일에 피해를 줄 수 있다. 수확 전 살균제의 살포는 곰팡이 억제에 도움이 될 수 있다. 그러나 약제 살포가 어려운 경우에는 과실나무 주위를 청결하게 정리하고, 기어 다니는 벌레나 달팽이와 같은 곤충을 격퇴시키는 식물을 부근에 심는 것을 권장하고 있다.

(http://www.agnet.org)
〈궤양병에 감염된 두리안〉

■ Hawar daun (잎집무늬마름병, *Rizoctonia Solani*)

곰팡이 일종으로 수목에 기생하며 피해를 준다. 여름철 기온이 높아지면 많이 발생하는데, 흔히 아래쪽 잎집(leaf sheath, 엽초)부터 위쪽 잎집으로 퍼져 나뭇잎들이 떨어진다.

■ 주요 해충

▪ 진드기

두리안의 해충으로서 어린 과실에 침입하여 피해를 주는 흰진드기(*Pseudococcus lilacinus*)와 큰진드기(*Drosicha townsendi*)가 있다. 특히 필리핀 경우에 이러한 진드기가 두리안에서 자주 발견되고 있다.

(http://www.aremulta.blogspot.com/2008)

〈진드기에 감염된 두리안〉

■ 과일 좀벌레

두리안에서 가장 심각한 해충은 과일 좀벌레(fruit borer)로서 애벌레 시기에 가장 피해를 많이 준다. 과일 좀벌레는 열매에 알을 낳고, 알에서 부화한 애벌레들이 과육을 파먹고 자란다. 좀벌레를 제거하는 방법으로는 BHC라는 농약을 살포하는 것이 좋다.

〈http://www.mixph.com〉

〈두리안 ❶ 좀벌레와 과실의 피해 ❷❸ 및 ❹〉

■ 흰개미

흰개미(*Microtermes pallidus*)가 어린 두리안의 뿌리를 공격하면 나무가 죽기 때문에 위험한 해충이다.

■ 테리팁

테리팁(Teritip)은 주로 작은 가지와 잎들을 공격한다. 두리안 나무를 공격하는 테리팁은 *Pectenococus*속으로 알려져 있으며, 이 벌레의 공격을 받은 나무는 말라서 죽게 된다.

(http://www.gsndev.org/archives/webs/durian/nfdisease.html)

〈테리팁〉

■ 코야(koya)

코야는 두리안의 꽃, 나뭇잎 및 과일까지 공격하는 진딧물의 일종이다. 이 곤충은 직접적인 피해를 주지는 않지만 두리안 열매가 병에 감염된 것처럼 보이게 하고, 검댕병(sooty mould)의 확산을 촉진하는 달콤한 물질을 배설한다.

(http://www.babelfish.yahoo.com)
〈코야에 의한 두리안 피해〉

■ 다람쥐

다람쥐는 두리안의 열매를 파먹기 때문에 과일에 직접적인 피해를 준다. 그래서 농장 관리인들은 총으로 다람쥐를 퇴치하고 있다.

(http://www.gsndev.org/archives/webs/durian)
〈다람쥐 사냥(좌)과 다람쥐에 의한 두리안 피해〉

■ 원숭이

원숭이들은 직접적으로 두리안 나무나 과일에 피해를 주지는 않는다. 그러나 원숭이들은 두리안 나무에서 장난을 치면서 과일을 떨어뜨리는데 하루 평균 50개 정도를 떨어뜨린다. 그래서 과수원 주인들은 나름대로 원숭이들에 대한 대처법을 고안하였다. 금속으로 호리병 모양의 통을 만드는데, 주둥이 부분은 원숭이 주먹이 들어갈 수 있는 크기로 제작하고 바닥의 중앙부에 바나나를 놓는다. 만약 원숭이가 통 안에 있는 바나나를 손으로 끄집어내려고 하면 작은 구멍에 걸려서 팔이 빠져나올 수 없게 된다. 고집불통의 원숭이는 바나나를 쥔 손을 놓지 않으려 할 것이다. 손이 통에 걸려 있어서 도망도 못 간다.

또 다른 방법은 농장에서 잡은 원숭이를 페인트칠 한 후에 풀어준다. 그러면 이상한 색을 지닌 원숭이가 자기 무리들에게 가게 되는데, 무리의 원숭이들은 이상하게 보이는 원숭이를 피하려 한다. 그래도 페인트칠을 한 원숭이가 무리들을 계속 따라가면 다른 원숭이들이 결국 과수원 밖으로 도망가게 되어 두리안 농장을 원숭이들로부터 보호하는 방법이다.

■ 기타 해충

어떤 농장도 해충의 문제가 없을 수는 없다. 농장 주인은 수확기에 풍성한 과일을 수확하기 위하여 해충 박멸 전문가들을 고용하기도 한다. 이러한 전문가들은 아무 장비도 없이 나무를 빠르게 기어 올라가 나무에 기생하는 해충과 식물 등을 제거한다. 그들은 일을 얻기 위해전국의 농장을 찾아서 여행을 하기도 한다(Durian Community Planters, 2011).

(http://www.gsndev.org/archives/webs/durian)

〈두리안에 기생하는 해충과 식물을 제거하는 모습〉

■ 주요 병해충 방제

종합적 병해충 예방책은 증상에 따라 약간 다르나 전반적으로 유의해야 할 사항은 다음과 같다.

첫째, 만코젭(Mancozeb)과 구리제 살균제(Copper fungicides)와 같은 곰팡이 살균제를 살포한다.

둘째, 병해에 대한 모니터링을 자주하면서 나무사이의 공간을 만들기 위해 적절한 전정(剪定)을 실시한다.

셋째, 두리안 줄기의 위생관리를 잘하고, 풀을 뜯는 가축을 두리안 농장에서 방목하는 것을 제한해야 하며, 전염된 나무의 줄기나 가지 등은 바로 제거한다.

넷째, 가능하다면 두리안 묘목 중에서 내병성(耐病性)이 강한 품종을 심어서 재배한다. 동시에 열매가 과밀(過密)하게 분포하지 않도록 솎아내기를 해야 한다.

다섯째, 적절한 관개(灌漑) 및 배수로(排水路) 시설이 필요하고 동시에 적당한 시비(施肥)를 실시해야 한다.

■ 구체적인 병해충 방제방법(Pests, Diseases and their Control)

구 분	나무 성장단계	방제방법
A. 해충		
1. 딱정벌레	어린 묘목	Roxion 또는 Azodrin 살포
2. 구멍을 뚫는 유충	어린 나무, 노목의 작은 가지	감염된 가지와 상처를 제거, 소각
3. Psyllids	새순과 새잎	Roxion, Azodrin 또는 Decis 살포
4. 갈색 비늘(Scale)	새순과 새잎	Roxion 또는 Azodrin 살포
5. Haplaphalora sp. (Bao-bao)	새순, 새잎, 미개화된 꽃, 작은 과일	Roxion, Gusathion 또는 Decis 살포
B. 병해		
1. 가지/줄기 궤양(潰瘍)	뿌리, 줄기	Ridomil 또는 Alliete 살포
2. 적의병(Pink disease)	작은 가지	Tridemorph(Calixim); Triadimefon (Bayleton); Copper Hydroxide (Kocide) 또는 Bordeaux mixture 살포
3. *Rhizoctonia* 균류(菌類)	잎	Triamefon-Bayleton, Thiophanate methyl (Topsin M.) 살포

자료 : Department of Agriculture, Republic of the Philippines(PCRRD, 2000)

Chapter 5

두리안의 수확 및 유통

■ 두리안의 수확 준비

두리안을 재배하여 수확하기 전에 점검해야 할 사항은 대개 어떤 것들인가? 일반적으로 두리안 농장 주인들은 두리안을 수확하기 전에 과일의 성숙 여부를 파악하기 위해 다음과 같은 사항을 점검한다.

- 과일의 껍질을 손으로 두드렸을 때 빈 소리가 울리는가?
- 과병(과일꼭지)이 유연한가?
- 과일의 껍질에 작은 협곡과 같은 분리층이 선명하게 생겼는가?
- 꽃이 떨어진 후 95~120일 정도가 경과하였는가?

〈성숙한 두리안(좌)과 사람의 손으로 직접 수확하는 모습(우)〉

(http://www.asia.theworldatlas.net/indonesia/map.html)

〈인도네시아 수마트라와 술라웨시〉

■ 두리안의 수확

두리안은 일반적으로 1년에 1회 수확을 실시하고 있으나 재배환경에 따라서 수확의 횟수가 달라진다. 말레이시아반도의 서해안지역과 같이 건기가 뚜렷이 두 번 나타나는 지역에서는 2회 수확도 가능하다. 주된 수확기는 11~12월이며, 2차 수확은 5~6월로 수확량이 감소한다. 그러나 말레이시아반도의 동해안에서는 주로 매년 1회 수확을 하고, 수확기는 8~9월이다. 이와 같은 두리안 수확기는 기후여건에 따라서 달라질 수 있다.

- 일반적으로 두리안을 수확하는 사람들은 두 사람이 함께 수확해야 한다. 한 사람은 나무에 올라가서 익은 과일을 선별한 후 10cm 정도의 꼭지를 남겨 놓고 칼로 자른 다음 아래에 있는 사람에게 떨어뜨린다. 두리안이 땅에 떨어지는 것을 방지하기 위하여 황마(黃麻) 자루를 이용하여 수집하고 있다. 이 방법은 작업 속도가 빠르지만 상당한 기술을 요구한다. 왜냐하면 잘못하면 과일꼭지를 파손하거나 과일이 땅에 떨어지면 과일에 상처를 입힐 위험이 있기 때문이다.
- 말레이시아에서는 두리안을 다른 열대과일처럼 나무에서 직접 수확하지 않는다. 과일이 익어서 스스로 떨어지면 나중에 수집한다. 저절로 익어서 떨어지는 과일이 나무에서 수확해서 후숙한 과일보다 더 맛있다고 믿기 때문이다. 그러나 과일이 밤에 떨어져 지면에 있으면 부패하기 쉽고, 벌레나 야생동물에 의해 피해를 입게 되어 상품성이 떨어지는 단점이 있다. 그렇기 때문에 농장에 그물망을 설치하여 과일이 지면에 떨어지지 않고 그물망에 걸리게 한 후 아침에 수집하는 방법이 널리 이용되고 있다. 또한, 말레이시아의 많은 두리안 농장의 나무는 수령이 수십 년 넘었기 때문에 수고가

매우 높다. 만약 50m 정도 되는 높이에서 두리안을 수확하다가 땅에 떨어지면 치명적일 뿐만 아니라 높은 곳에서 과일을 수확하는 작업은 매우 힘들다. 두리안을 수집하는 사람들은 과일이 그들의 머리에 떨어질 수 있는 상황에 놓여 있기 때문에 두리안을 수집하는 일은 매우 위험하다. 비록 두리안에 맞아서 사망했다는 이야기를 들은 적은 없지만 큰 상처를 입어서 심하게 부상을 당한 사건은 여러 차례 있었다(Durian Community Planters, 2011). 그래서 그물망을 설치하고 떨어진 두리안을 수집하는 방법이 안전하기도 한다.

〈두리안을 수확하는 그물과 과일 수집(Mr. Yong, 말레이시아)〉

■ 두리안의 포장 및 저장

두리안은 동남아지역에서 소비자들 사이에 가장 높게 평가되는 과일의 하나로서 뛰어난 맛과 때로는 공격적일 만큼 독특한 냄새로 잘 알려져 있다. 두리안의 수확 후 관리 작업은 단순하지만 과일이 수확 후에 빨리 익기 때문에 저장 기간이 짧아 주의가 필요하다. 일반적으로 적절한 성숙단계에서 두리안을 수확하고 적합한 온도를 유지하면서 물리적 상처가 없으면 저장 및 판매기간을 5~7일 정도 유지할 수 있다.

(http://www.straitstimes.com/BreakingNews/TechandScience/Story/STIStory_663750.html)

〈싱가포르 재래시장의 판매용 두리안〉

■ 수집

두리안 농장에서 반드시 갖춰야 할 시설 중의 하나는 판자 조각이나 양철 조각으로 만든 작은 오두막(pondok)이다. 이러한 오두막은 대개 밤이나 이른 아침에 떨어지는 두리안을 수거하는 인부들이 쉬는 장소이고 운반준비 작업을 하는 장소이다. 저절로 익어 떨어진 두리안은 즉시 수집해 신선할 때 작은 가지로 엮어서 만든 바구니에 담아 트럭이나 밴으로 운반하여 시장이나 상인들에게 배달해야 하기 때문이다.

수확 후에 두리안을 땅위에 방치하면 안 되고 플라스틱이나 대나무 바구니와 같은 컨테이너에 놓아야 한다. 이것은 곰팡이의 전염으로부터 보호하기 위함이다. 곰팡이에 전염되면 수송 및 유통되는 과정에서 과일이 썩을 수 있기 때문이다.

■ 포장작업

포장작업은 과일 껍질을 깨끗하게 하거나 솔로 먼지를 터는 일과 과일꼭지를 다듬는 작업, 상처가 있는 과일 제거 그리고 포장하여 수송하는 작업 등이 포함된다. 두리안은 일반적으로 최소한의 크기 조건을 충족시키 크기별 등급을 나누지 않는다. 태국에서 포장은 생산지별로 방식이 다르지만 대부분 멀리서도 잘 보이는 판지(板紙) 상자에 꽃자루가 위로 향하게 포장한다. 이 때 전체 무게는 18~23kg 범위이며, 약 3~5개의 두리안이 들어간다.

필리핀에서는 근거리의 시장출하용, 대도시의 출하용 그리고 원거리인 섬지역의 수송용 등에 따라서 포장용기가 다르다(PCARRD, 2000). 우선 두리안 의 수확지역 부근이나 지역시장으로 운송할 경우에는 50kg 용량의 대나무 바스켓을 이용한다(사진 (a)). 대도시 시장으로 출하할 경우에는 25kg 용량의 나무상자에 10~15개의 두리안을 넣어서 수송하는 것이 일반적이다(사진 (b)). 마지막으로 원거리인 다른 섬지역으로 수송하는 경우에는 4~6개의 두리안 과실을 담을 수 있는 바나나용 박스에 담아서 배로 수송하고 있다(사진 (c)).

<필리핀 두리안 수송용 바스켓 형태>

일반적으로 대나무 바스켓은 가격이 저렴할 뿐만 아니라 공기가 잘 통하는 장점이 있다. 다만 바스켓이 약하기 때문에 많은 바스켓을 쌓아올려서 수송하기 어렵다. 그렇기 때문에 장거리에 대량의 두리안을 수송하기 위해서는 나무로 만든 상자에다 포장하고 수직으로 쌓아올려서 수송하는 것이 좋다.

수확 후 실시하는 살균제 처리는 포세틸 아루미늄(Fosetyl Aluminum) 4g/ℓ을 물에다 2분간 담그면 궤양병을 방제할 수 있는 것으로 알려져 있다. 그러나 농약에 대한 수출입국의 규정에 대해서는 약물 처리 이전에 검토해야 한다. 꽃자루를 바나나 잎이나 종이로 싸면 알려진 대로 두리안의 저장기간을 연장시킬 수 있다. 여기에다 밀랍을 사용할 경우 수분의 감소를 줄이고 과일이 저절로 벌어지는 것을 연장시키고 익는 과정을 지연시킴으로서 저장기간을 연장시킬 수 있는 밝혀졌다.

판지상자 규격은 과일의 무게와 시장에 따라서 다양한데, 가장 일반적인 규격은 18.2kg 상자이다. ISO(국제표준화기구, International Organization for Standardization) 팔레트(pallet)의 규격은 40cm(길이) × 30cm(폭) × 38cm(높이)이다. 포장에는 수입국이 요구하는 모든 정보가 제공되어야 한다.[37]

■ 저장

두리안은 수확 후 부패하기 쉽기 때문에 직사광선을 피해서 그늘에 보관해야 하며, 햇빛이 없는 밤에 수송을 하는 것이 일반적이다. 또는 낮에 수송을 하더라도 반드시 덮개를 이용해서 햇빛을 막아야 한다. 그리고 운반 중에 열이 나지 않도록 주의를 해야 한다.

일반적으로 두리안은 사람들이 싫어하는 냄새를 내뿜기 때문에 항공기 팔레트보다는 항공기 컨테이너로 운반된다. 운반 과정 중 비행기에 적재하기 위하여 대기하는 동안 햇빛에 노출되면 컨테이너 안에서 열이 발생할 수 있는데, 이것은 과일의 신선도 유지에 좋지 못한 영향을 미치게 된다. 그러므로 항공기에 적재할 때까지 컨테이너가 그늘이나 서늘한 장소에 보관될 수 있도록 노력해야 한다.

- 대부분의 태국 두리안은 생리적으로 80~90% 성숙이 되면 수확된다. 이때부터 완전 성숙될 때 까지는 5~10일이 소요되며 완전 성숙된 과일을 수집한 경우보다 더 오래 저장될 수 있다. 동시에 분배기간을 더 연장할 수 있어서 생산자의 협상에 여유가 있게 하

37 포장에 포함될 정보는 원산지 국가, 농산품/품종, 중량/상품수, 수출자 이름/수입자 이름 등이다.

며, 보다 원거리에 있는 국가에도 수출이 가능하다. 두리안을 저장 및 수송하는 동안, 즉 최종 목적지에 도달할 때까지도 과일은 계속해서 익어가고 있다는 점을 기억해야 한다.

- 완전 성숙단계에서 수확된 과일은 그 최종 목적지에 도달할 즈음에는 너무 익어버린다. 너무 익은 과일은 껍질이 쪼개지고 과육이 죽처럼 무르게 되어서 소비자들이 거부하게 되는 까닭에 가격이 하락한다. 일반적으로 소비자들은 너무 익은 것보다는 잘 익은 것을 선호한다.

■ 두리안의 국내유통

두리안은 다양한 장소에서 판매된다. 흔히 두리안이 판매되는 장소는 도로변의 가판대나 고속도로변의 휴게소 그리고 슈퍼 등이다. 일부는 농장에서 직접 판매되기도 한다.

최근 두리안의 식용을 장려하기 위하여 다양한 축제들이 개최되기도 한다. 어떤 곳에서는 뷔페식 판매로 일정 금액(일인당 10RM)을 지불하면 무제한의 두리안을 먹을 수 있도록 하는 곳도 있다. 두리안을 먹은 다음에는 많은 물을 마셔야 한다고 하는데, 그 이유는 두리안의 높은 열량 때문이라고 알려져 있다.

(In Durian Love, Time Out Singapore, 2011;
http://www.dpreview.com/challenges/
Entry.aspx?ID=476065&View=Results&Rows=4)

〈싱가포르 : 두리안의 판매대〉

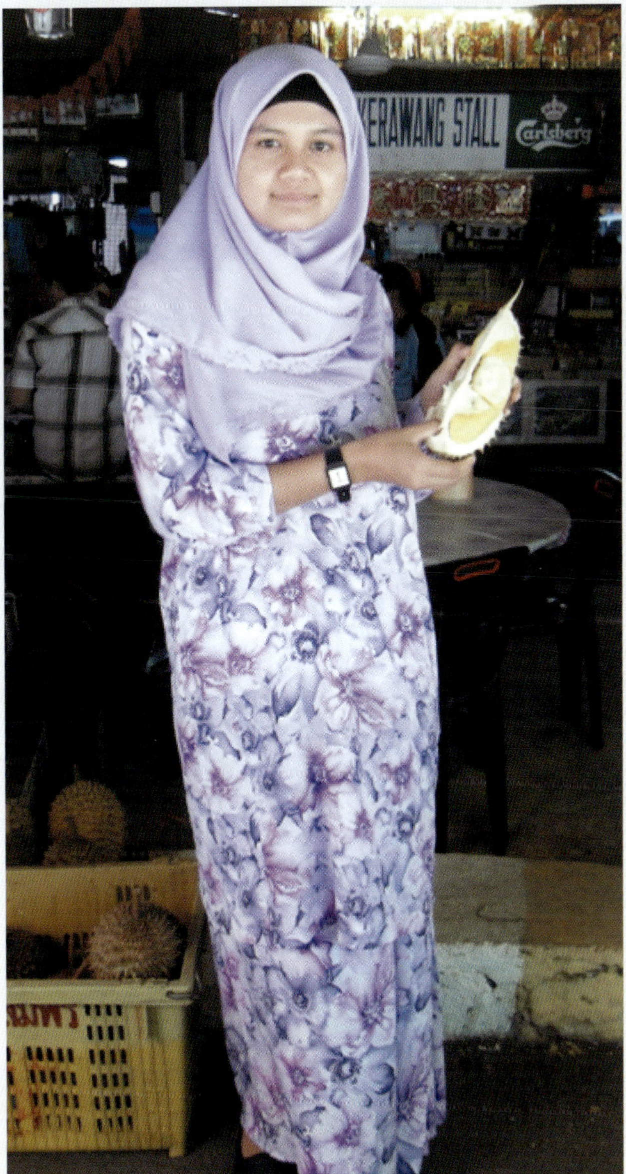

〈두리안 조각과 말레이시아 공무원 Ms. Nurhidayah〉

도로변의 행상(行商)들에게는 두리안 판매에 문제가 하나 있는데 그것은 두리안이 계절적인 과일이라는 것이다. 일반적으로 말레이시아 서해안지역에서 두리안의 수확기는 11~12월이고, 동해안지역에서는 8~9월이다. 따라서 도로변 행상들은 수확기가 지난 다음에는 소득창출을 위하여 다른 일자리를 찾아야 하는 실정이다. 따라서 그들은 말레이시아에서 두리안이 생산되지 않는 시기에 다른 지역으로부터 두리안을 수집하며 심지어 태국으로부터 두리안을 구입하기도 한다. 그리나 일부 행상들은 두리안의 판매시기가 지난 다음에 망고, 수박, 파인애플, 람부탄,[38] 바나나 등과 같이 다른 과일을 판매하기도 한다.

두리안은 쉽게 변질이 되기 때문에 행상은 하루 또는 이틀 이내로 확보한 물량을 무두 판매해야 한다. 그래서 두리안 가격은 오전에 비교적 비싸고, 저녁 무렵이 되면 가격이 낮아지기도 한다.

<두리안을 시식하는 말레이시아 농업공무원 Ms. Nurhidayah>

38 람부탄(Rambutan)은 선명한 붉은빛의 달걀 크기만한 열매로, 부드러운 가시 또는 털로 덮여 있다.

■ 두리안의 무역동향

지난 1995년의 세계무역기구(WTO: World Trade Organization)[39]의 출발과 함께 농산물의 관세화로 농산물의 수출입이 이전보다 자유롭게 되면서 두리안의 무역도 증가하게 되었다. 그러나 실제적으로 두리안의 세계적인 생산과 수출입에 관한 UN식량농업기구(UN/FAO: United Nations/Food and Agriculture Organization)[40]의 통계가 발표되지 않기 때문에 일관성이 있는 통계자료를 수집하기 매우 어렵다. 현실적으로 두리안의 생산 및 출하는 국가별로 그리고 생산시기별로 다양하여서 생산국 간에도 상호 수출입을 하고 있는 실정이다. 예를 들어, 본 저자들이 방문한 말레이시아의 두리안 생산지역에서도 태국의 두리안을 수입하여서 상점(도로변의 가판대)에서 판매되고 있었다.

〈스위스 제네바 WTO 본부(좌)와 이태리 로마 FAO 본부(우)〉

태국 국내 소비량은 연평균 약 609,594톤 정도로 총생산량의 75%가 국내에서 소비되고 있는 것으로 나타났고, 해외 수출량은 총생산량의

39 본부를 제네바(Geneva, Switzerland)에 두고 있는 이 WTO는 1995년 1월 1일 설립되었으며 8년간의 지루한 UR(Uruguay Round negotiations, 1986-94)협상 끝에 출발되었다. 2008년 7월 현재 회원국은 한국을 포함한 153개국이며, 주요 기능은 WTO무역협정 실행, 무역협상 포럼, 무역분쟁 처리, 회원국 무역정책 모니터링, 개도국의 기술지원 및 훈련, 타 국제기구와 협력 등을 통하여 세계 자유무역 증진에 있다.

40 FAO는 1945.10.16, 캐나다 Quebec시에서 창립되었고, 그 본부는 1951 미국 Washington, D.C.에서 이태리의 Rome으로 옮겼다.

15% 수준인 122,346톤으로 밝혀졌다. 나머지 총생산량의 10% 는 두리안 가공에 사용되고 있었다.

태국은 과거 30년 이상 세계 두리안 수출시장을 독점하였는데, 2010년에도 12.5만 톤의 두리안(약 7천만불)을 중국에 수출하였다. 중국은 태국의 두리안 수출량의 약 60%를 차지하고 있다(The China Post, May 25, 2011). 또한 싱가포르나 브루나이에도 소량 수출되기도 한다.[41]

말레이시아에서는 2011년부터 중국으로 두리안 수출이 가능하게 되어 국내 두리안 시장이 침체상태에서 벗어날 것으로 기대하고 있다. 이로써 두리안의 해외수출 시장에서 거의 독점상태에 있었던 태국에 새로운 도전장을 낸 것이다. 말레이시아에서 생산된 두리안은 익어서 저절로 떨어지는 과일을 수집하기 때문에 수 시간 내로 발효되어 과일의 맛이 변하며 1주일 이내에 부패하게 된다. 그래서 냉동수출이 불가피하지만 농민들에게는 수출시장 그 자체가 도움이 된다.

또한 2007년부터 호주에 냉동 두리안 과육을 수출하고 있는데, 이는 아이스크림, 스낵, 기타 식품에 사용되고 있다. 만일 냉동시설에서 -18℃ 이하로 보관되면 수년간 신선도를 그대로 유지할 수 있기 때문에 두리안을 통째로 또는 과육의 가공을 통하여 세계 시장에 수출을 하고 있다.

인도네시아에서는 2007년에 약 79.3만 톤의 두리안을 생산한 것으로 농림부(Ministry of Agriculture, Indonesia)에서 발표하였다. 일반적으로 시장에 출하하기 위하여 크기에 따라서 분류를 하고 무게 중심으로 판매한다.

---

41 World Durian Situation, *Production and Marketing Situation*, www.dit.go.th/ag.

필리핀에서는 두리안이 대부분 국내소비용으로 생산되고 있으나, 일부는 태국, 말레이시아 그리고 중국으로 수출되기도 한다. 필리핀의 두리안 수확기는 7~10월 사이인데, 이 기간은 태국과 말레이시아의 수확기와 다르기 때문에 수출이 가능하다. 태국의 주된 수확기는 4~6월이고, 말레이시아의 수확기는 6~9월이다. 그렇기 때문에 수출가격은 매우 높은 편이다.

홍콩 시민들은 용안(龍眼)보다 두리안을 더 선호하는데, 그 이유는 두리안이 사람의 몸을 따뜻하게 해준다는 의약품의 성격을 지닌 것으로 간주하기 때문이다. 적당히 부드럽게 익은 것을 선호하기 때문에 대부분 태국산 두리안을 수입하고 있다. 대개 연간 5천~1만 톤 정도를 수입하는데, 이중에 90%는 태국에서, 나머지 10%는 말레이시아에서 수입한다.

타이완에서도 대부분의 두리안 수입을 태국에서 한다. 약 3~4만 톤 정도의 두리안을 수입하는데, 주로 몬통(Monthong) 품종과 차니(Chanee) 품종을 선호하는 것으로 알려져 있다.

싱가포르는 말레이시아와 태국으로부터 연간 2.5만 톤 정도를 수입하고 있으며 수입량의 80% 정도를 말레이시아에서 조달하고 있다.

중국은 인구가 많고 소득이 빠르게 증가하고 있기 때문에 매우 잠재력이 높은 시장이다. 태국의 두리안은 홍콩을 경유하여 중국으로 수출되는데, 공식적인 자료는 획득하지 못하였지만 연간 2.0~2.5만 톤 이상의 태국산 두리안이 중국으로 유통되고 있는 것으로 파악되고 있다.

일본의 경우 두리안의 주요 수입국은 타이(2010년)로 연수입량은 약

133톤, 무역액은 약 4,300만엔[42] 정도이지만, 최근 수입 동향을 살펴보면 급격하게 감소함을 알 수 있다.

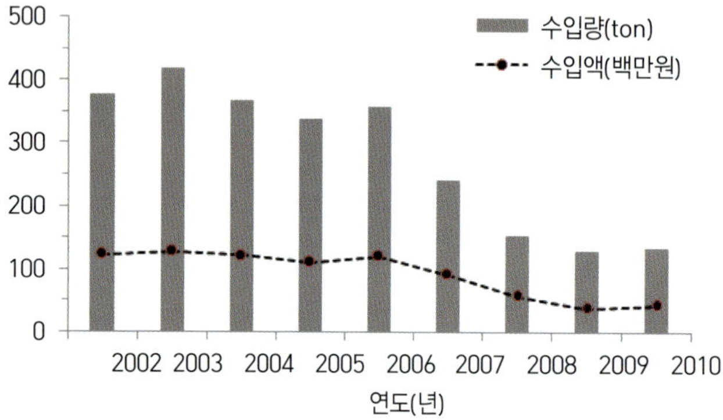

〈타이로부터 두리안 수입량과 수입액 변화〉[43]

42 일본 1백만엔(百萬円)은 한화(韓貨) 약 13,50만원에 해당(2011년 7월 기준)

43 http://www.kudamononavi.com/zukan/durian.htm

Chapter 6

두리안의 효능 및 가공

■ 두리안의 건강혜택

두리안은 바나나, 아보카도(Avocado), 잭 푸르트(Jack fruit)와 같이 에너지, 미네랄, 그리고 비타민 등이 풍부한 과일로 잘 알려져 있다.[44] 이러한 두리안의 건강에 관한 내용을 요약하면 다음과 같다.

- 두리안은 높은 단백질, 과당(果糖), 자당(蔗糖), 단당(單糖) 그리고 먹으면 에너지를 보충해주고 활력을 불어넣어 주는 지방으로 구성되어 있다. 또한 두리안은 저체중 어린이들의 보충식(補充食)으로 사용될 수 있다. 비록 두리안이 상대적으로 많은 양의 지방(fat)을 포함하고 있지만 콜레스테롤(cholesterol)이 없다는 장점이 있다.

44 http://www.nutrition-and-you.com

(http://en.wikipedia.org)

〈아보카도(좌)와 잭 푸르트(우)〉

- 두리안은 식물섬유가 풍부하여 변비를 방지하는 완하제(緩下劑)가 될 수 있다. 또한 두리안이 갖고 있는 섬유함량은 대장에 암을 유발하는 화학물질이 결장(結腸)의 점막(粘膜)에 노출되는 시간을 줄여 암 예방에 도움을 준다.

- 두리안에는 망간(Mn), 구리(Cu), 철(Fe), 마그네슘(Mg) 등과 같은 미네랄이 많이 함유되어 있다. 망간은 우리 몸에서 항산화 효소인 초(超)산화물 효소의 보조인자로서 활용되며, 구리와 철은 적혈구를 만드는데 필요한 물질이다.

- 두리안은 높은 수준의 필수 아미노산과 아미노산의 일종인 트립토판(tryptophan)[45]을 포함하고 있다. 트립토판은 인체 내에서 세로토

45 이 트립토판은 걱정불안의 해소에 도움이 되고, 우울증이나 감정의 조절, 불면증 환자에게 도움이

닌(serotonin)[46]과 멜라토닌(melatonin)[47]으로 신진대사작용을 하며, 사람의 성장에 꼭 필요한 영양소이다. 또한 이러한 신경화학물질은 잠을 유도한다거나 간질병 치료에도 유익한 작용을 한다.

- 두리안은 식품으로 섭취해야 하는 비타민 B 복합체의 아주 좋은 공급원이다. 이것은 과일 중에서 매우 보기 힘든 특징인데, 나이아신(niacin), 리보플라빈(riboflavin), 세포의 성장을 촉진하는 판토텐산(pantothenic acid), 피리독신(pyridoxine, 비타민 B_6), 티아민(thiamin, 비타민 B_1) 등과 같은 비타민 B 복합체를 공급한다는 것이다.

- 생 두리안은 세포와 체액의 중요한 전해액(液)인 칼륨(K)의 매우 풍부한 공급원이다. 또한 전해액은 심장의 박동과 혈압의 조절에 도움이 된다.

될 수 있는 성분이다. 트립토판은 식품에서 필수적인 아미노산이면서 20여개의 표준 아미노산의 하나이다. 식생활을 변화시킴으로서 혈액의 트립토판 수준이 변화되기는 어렵지만 식품보조제로 건강식품점에서 판매되어 왔다. 많은 사람들은 트립토판이 안전하고 상당히 효과적인 수면효과가 있다는 것을 발견하였다. 이는 아마도 트립토판이 뇌의 신경전달물질(ncurotransmitter)인 세로토닌이나 수면을 유도하는 호르몬인 멜로토닌 수준을 향상시킬 수 있는 능력 때문일 것이다 (http://en.wikipedia.org/wiki).

46 이 세로토닌(serotonin)은 행복감을 주고 학습능력을 올려주는 '행복호르몬'으로 알려져 있는데, 인체 내의 아미노산 트립토판을 이용하여서 체내에서 만들어진다. 이 세로토닌은 사람에게 '행복한 감정'을 유지하도록 도움을 주며 수면도움이나 감정억제, 우울증 탈피 등을 통하여 우리의 기분을 조절하는 화학물질이다. 그러나 이것이 뇌(腦)에서 부족하면 남성은 충동성, 여성은 우울증이 증가한다 (http://www.angelfire.com).

47 멜라토닌(melatonin)은 우리 뇌의 송과선(松果腺, pineal gland)에서 세로토닌으로부터 만들어지는데, 불면증이나 제트 랙(jet lag)의 해소, 유리기(free-radicals)로부터 세포보호, 면역체계 향상, 암의 예방, 그리고 수명연장 등에 도움을 준다. 불을 끄면 더 잠이 잘 오는 것처럼, 들어오는 빛이 줄어들면 기존의 저장되어 있는 멜라토닌이 혈중으로 분비된다. 아침이 되면 혈중 멜라토닌의 양이 줄어들어 일어나 활동을 시작하게 된다. 걱정과 우울증도 없애주고, 실험동물에서 20%나 수명연장을 시킨 사례도 있다. 수면조절, 몸의 산화방지, 면역체계 활성화 등에 관여하는 호르몬이다. 의학계에서는 40세 미만자, 임신부나 임신을 원하는 사람은 사용금지(낙태위험)하고, 수면조절용으로 쓸 때 낮에는 복용치 말라고 권하고 있다 (http://www.drugs.com/melatonin.html; www.vitamallusa.com).

• 두리안은 항산화제인 비타민 C(1일 권장량의 33%)의 좋은 공급원이다. 비타민 C가 풍부한 식품의 소비는 우리의 몸이 전염성 물질에 대한 저항력을 증진시키고, 인체에 해로운 유리기(遊離基, free radicals)를 청소한다.[48]

48 유리기(free radicals)란 자유기, 유해산소, 프리 래디컬, 활성산소 등으로도 불리운다. 활성산소는 DNA 고리를 절단하거나 적혈구를 변화시켜 암을 일으키고, 세포 밖으로 유출돼 주위조직에 염증을 일으키며, 인체의 노화 즉, 활성산소에 의한 조직손상으로 생체의 방어능력이 점차 저하돼 사람이 늙게 된다. 활성산소 발생의 주요 원인은 스트레스, 세균과 바이러스를 먹는 식세포, 자외선, 방사선, 화학물질(농약, 살충제, 의약품, 질소 화합물), 인스턴트 식품(훈제식품, 말린 생선, 포테이토 칩, 라면, 햄, 소시지, 콜라, 사이다, 튀긴 음식, 커피, 아이스크림 등 대부분의 제조 식품들), 과격한 운동(힘든 육체노동, 과로), 과식, 음주, 흡연, 기타 환경 공해 등이다. 결론적으로 체내에서 활성산소 생산을 줄이는 것이 건강과 장수의 비결인데, 적당한 운동, 소식(小食), 비타민 C, E, 베타카로틴 등 항산화작용이 있는 신선한 야채 섭취, 과도한 지방섭취 제한 등이 필요하다.

■ 두리안 과육 100g 당 영양 가치[1)]

구 분	영양가	RDA 비율(%)[2)]
에너지(Energy)	147 Kcal	7
탄수화물(Carbohydrates)	27.09 g	21
단백질(Protein)	1.47 g	2.5
지방(Fat)	5.33 g	20
콜레스테롤(Cholesterol)	0 mg	0
식이섬유(Dietary Fiber)	3.8 g	10
비타민(Vitamins)		
엽산(Folate)	36 mcg[3)]	9
나이아신(Niacin)	1.074 mg[4)]	7
판토텐산(Pantothenic Acid)	0.230 mg	4.5
피리독신(Pyridoxine)	0.316 mg	24
리보플라빈(Riboflavin)	0.200 mg	15
티아민(Thiamin)	0.374 mg	31
비타민 A(Vitamin A)	44 IU	1.5
비타민 C(Vitamin C)	19.7 mg	33
전해질(Electrolytes)		
나트륨(Sodium)	2 mg	0
칼륨(Potassium)	436 mg	9.5
무기물(Minerals)		
칼슘(Calcium)	6 mg	0.6
구리(Copper)	0.207 mg	23
철(Iron)	0.43 mg	5
마그네슘(Magnesium)	30 mg	7.5
망간(Manganese)	0.325 mg	14
인(Phosphorus)	39 mg	6
아연(Zinc)	0.28 mg	2.5
식물영양소(Phytonutrients)		
카로틴-α(Carotene-α)	6 mcg	-
카로틴-β(Catotene-β)	23 mcg	-

주 : 1) USDA, National Nutrient data base, 2) RDA: recommended daily allowance (일일영양권장량), 3) mcg: microgram(마이크로그램, 100만분의 1그램), 4) mg: 밀리그램(milligram, 1000분의 1그램).

자료: Durian Fruit Nutrition Facts, 2011.

- 두리안은 유황(sulfur)과 같은 미네랄이 매우 풍부한 과일인데, 이는 피부와 머리카락, 손톱, 결합조직(connective tissue),[49] 그리고 췌장(Pancreas)[50]에 매우 유용한 물질이다.

- 두리안은 그 외에도 강정제(強精劑, Aphrodisiacs)나 디메틸트립타민(Dimethyltryptamine)과 같은 물질을 함유하고 있다. 강정제란 최음제라고도 하며, 성적 기능을 강화시키고 성적충동을 일으키는 약물이다.

- 두리안의 또 다른 매력적 특징은 고농도의 올레인 지방(Oleic Fat)과 비타민 E, 유황복합물, 단백질 등을 함유하고 있다는 점인데, 실제로 다른 과일보다 높은 수준의 단백질을 함유하고 있어서 인체의 근육형성에도 도움을 준다.[51]

49 결합조직(connective tissue)은 뼈 · 힘줄 · 인대 · 연골 · 지방조직 등을 포함한다. 결합조직은 세포와 세포 밖의 단백질섬유, 그리고 주로 탄수화물로 된 부정형 물질로 이루어진다. 결합 및 지지 조직은 모두 중배엽(中胚葉)에서 발생한다. 결합조직은 주로 세포 · 세포외섬유 · 기질로 구성되어 있다. 부정형 기질의 밀도는 구성성분과 기능에 따라 엷은 젤에서부터 단단한 구조까지 다양하다.

50 췌장(膵臟)은 인간의 신체 내부에서 순환계로 직접 방출되어 대사 및 신체과정을 조절하는 내분비물질(호르몬 등)을 생산하는 조직계통이며, 내분비기관으로서 에너지 대사의 조절에 중요한 역할을 하는 인슐린을 생산한다.

51 http://www.JuiceFeasting.com, online

두리안의 10대 건강혜택

1. **변비예방 및 완화(식이섬유, fiber)** : 두리안은 식이섬유가 풍부하여 수분을 흡수하고 소화기관을 넓혀서 변이 유연하고 효과적으로 장을 통과하도록 촉진한다.

2. **빈혈예방(엽산, Folate)** : 빈혈은 반드시 체내 철분 부족으로 발생하는 것은 아니다. 엽산의 결핍은 악성빈혈증을 유발한다. 비타민 B_9로 불리는 엽산은 정상적인 적혈구(RBC) 생산에 필요하다. 두리안은 엽산의 매우 좋은 자원이다.

3. **건강한 피부 촉진(Vitamin C)** : 비타민 C는 신체의 결합(結合) 조직 및 뼈의 성분인 교원질(膠原質)이라고 하는 콜라겐을 만드는 주요인이다. 콜라겐은 피부, 뼈, 힘줄, 인대(靭帶), 그리고 혈관에서 발견되는 중요한 단백질이다. 이 콜라겐은 상처의 치유에 매우 중요한 역할을 하며, 두리안 주스 한 컵은 비타민 C 일일권장량의 80%를 함유하고 있다.

4. **건강한 뼈 유지(칼륨, Potassium)** : 두리안은 칼륨이 풍부하다. 뼈에 관하여서는 대부분이 칼슘만 강조하다. 그러나 건강한 뼈를 위해서는 칼륨도 핵심 영양소이다. 칼슘이 소변으로 너무 많이 배출되는 것을 방지한다.

5. **혈당조절(망간, Manganese)** : 두리안은 망간을 풍부하게 함유하여 혈당조절에 도움을 준다.

6. **건강한 갑상선 도움(구리, Copper)** : 갑상선 건강에 관해서는 요오드(iodine)가 가장 중요한 영양소이다. 구리는 갑상선의 신진대사 특히 호르몬 생산과 흡수에 주요 역할을 한다.

7. **소화에 도움(티아민, Thiamin)** : 티아민은 비타민 B_1을 의미하는데, 두리안은 티아민 함유량이 풍부하다. 티아민은 식욕을 북돋아 주며, 위에서 정상적 소화를 위한 염산생산을 돕는다

8. **편두통(偏頭痛) 해소(리보플라빈, Riboflavin)** : 두리안을 씹어 먹으면 편두통 해소에 도움이 된다. 리보플라빈은 두리안에서 발견되는 또 다른 비타민으로서 편두통 해소와 치료에 도움을 준다.

9. **우울증 완화(Vitamin B_6)** : 두리안은 비타민 B_6를 함유하고 있다. 비타민 B_6가 결여되면 우울증에 걸릴 수 있다. 우울증 환자들은 기분에 영향을 주는 신경전달물질인 세로토닌(serotonin)을 생산하는데 필수적 영양소 비타민 B_6가 낮은 것으로 연구되었다.

10. **건강한 치아와 잇몸(인(燐), Phosphorous)** : 칼슘이 건강한 치아와 잇몸 유지에 가장 잘 알려진 영양소의 하나이지만, 인의 도움이 없이는 치아를 만들 수 없다. 두리안은 인이 함유되어 있다.

자료 : 미국 USDA, by JK Kristie on March 8th, 2010
http://www.healthmad.com/nutrition/10-health-benefits-of-durian/#ixzz1Htt4X1S1

'행복호르몬' 세로토닌(Serotonin)의 활성화 비법

1. 걸으라 : 5분만 걸어도 기적이 일어난다.
2. 잘 씹으라 : 꼭꼭 씹으면서 천천히 먹는다
3. 꾸미라 : 외모가 말끔해야 기분이 활기차고 맑은 표정을 유지할 수 있다.
4. 사랑하라 : 사랑보다 더 강력한 세로토닌 촉진체는 없다.
5. 공부하라 : 지적 자극이 주어지는 한 늙지 않는다.
6. 잘 자라 : 숙면상태에서 세로토닌이 활발하게 생성된다.
7. 삶을 즐기라 : 자연의 소리를 듣고 마음이 편해지는 것도 세로토닌 때문이다.
8. 잘 먹으라 : 영양분을 고르게 섭취하되 세로토닌 생합성에 필요한 트립토판과 비타민 B군 섭취에 중점을 둔다.

(http://kr.blog.yahoo.com/top21way/7289)

• 과육의 의학적 용도

과육(果肉)은 구충제(驅蟲劑)로도 사용된다. 말레이 반도에서는 두리안 잎과 뿌리를 달인 즙은 해열제로 사용되고 있다. 잎의 주스는 열병환자의 머리에 바른다. 나뭇잎은 황달(jaundice)이 있는 사람들의 의료용 목욕에 사용된다. 잎과 과일을 달인 즙은 부기가 있고 피부병에 걸린 사람들에게 사용한다. 두리안 열매의 껍질을 태운 재는 출산 후에 사용한다. 잎은 아마도 수산기(水酸基, hydroxy-tryptamines)[52]와 겨자오일(mustard oils)을 내포한 것으로 알려져 있다.

두리안 과육의 냄새는 세균의 발육을 억제하는 인돌(Indol)[53]합성물과 관련되어 있는 것으로 추정된다. 두리안을 먹으면 앓고 있는 사람이나 동물의 건강을 회복하는 것으로 알려져 있다. 이미 언급

---

52 슈퍼옥사이드와는 달리 수산기(水酸基)는 슈퍼옥사이드에 대한 항산화제로서 해독 작용을 할 수 있다. 트립타민(Tryptamine)은 동식물에서 발견되는 모노아민 알칼로이드 즉 식물염기로서 도파민계, 세로토닌계에서 일종의 신경조정자(neuromodulator) 역할을 한다 (http://en.wikipedia.org/wiki/Tryptamine).

53 인돌은 매우 묽은 용액에서 좋은 향기가 나는 무색의 고체로 녹는점은 52.5℃이다. 무색 결정체로서 향료 및 시약용으로 사용된다. 그리고 향수와 필수아미노산인 트립토판, 식물을 꺾꽂이할 때 뿌리의 성장을 촉진하는 호르몬인 인돌아세트산(헤테로옥신)을 만드는 데 사용된다.

한 바와 같이 두리안 과육(果肉)은 최음제 역할을 하는 것으로 널리 인식되어 있다. 지난 1920년대 말 뉴욕시의 (주)두리안과일에서는 'Dur-India'라고 하는 태블릿 형태의 '건강보조식품'을 출시하였는데, 3개월분 12병에 $9, 병당 63 태블릿이 담겨 있었다. 건강보조식품의 태블릿에는 두리안과 인도의 부추·마늘·파 등의 파속(屬)의 식물 그리고 상당한 양의 비타민 E를 포함하고 있었다. 이 보조식품은 '강건하고 피곤을 모르는 신체를 유지하기 위하여 세상의 어떤 식품보다도 집중적 건강 에너지를 음식형태'로 제공하고, 두뇌의 재능이 피곤하여 침침하지 않도록 마음을 긴장하게 하며 정신력이 젊어지게 하는 것으로 주장하였다.

■ 두리안의 가공

최근 두리안의 소비가 증가함에 따라 두리안의 재배면적이 증가하고 있다. 그 결과 두리안 생산량도 급증하면서 가격 하락은 피할 수 없는 현실이 되어 버렸다. 두리안 생산자들은 과잉 생산된 두리안을 칩(Durian chips), 케이크(Durian cake), 달콤한 건조 두리안, 프렌치 프라이드 두리안(French-fried durian), 아이스크림, 사탕 등의 제품으로 가공하여 새로운 시장을 개발하고자 노력하고 있다. 또한 다음과 같은 이유로 두리안 가공품 개발이 이루어지고 있다.

- 부가가치 제품 개발[54]
- 두리안 보관/판매기간 연장

---

54 이 두리안의 부가가치 제품 내역은 일차 가공 두리안, 냉동 두리안, 두리안 칩, 두리안 파우더, 두리안 페이스트, 두리안 케이크 및 기타 유용한 제품 등이다.

- 유통기간 연장
- 냄새 문제해결 : 생(生) 두리안과는 달리 가공품은 냄새를 풍기지 않고 비행기로 수송 가능
- 운송비 절감 : 두리안의 가공품은 중량이 가벼움

가공된 두리안 제품은 대부분 국내시장에 공급되는데 장거리 수송과 보관 및 전문유통업자들에 의한 높은 가격 때문에 지방 소비자들에게 쉽게 접할 수 없는 실정이다.

전통적 제품

■ 렘푸크(Lempuk)

렘푸크는 많은 사람들이 좋아하는 말레이시아의 전통적 요리이다. 이 제품은 두리안 과육이 건조할 때까지 요리를 해서 만든 제품이다.

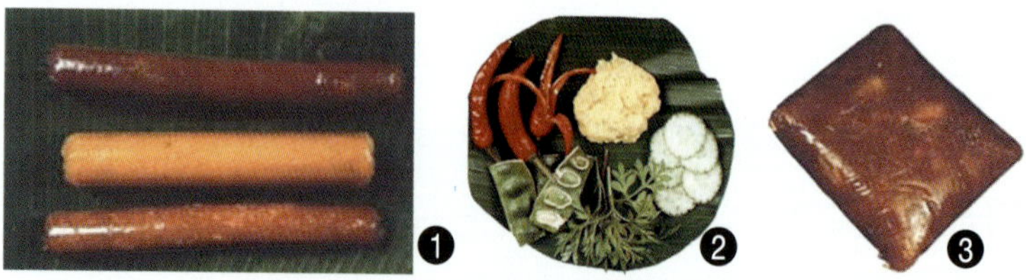

(http://www.gsndev.org/archives/webs/durian)

〈❶ 렘푸크 ❷ 템포야크 ❸ 도돌〉

■ 템포야크(Tempoyak)

두리안 과육을 병이나 사기 항아리에다 단기간 저장하여 자연적 발효를 시켜서 만든 식품이다. 생두리안으로 먹기에 적합하지 못한 질이 낮은 두리안을 발효시킨 것이다. 템포야크는 요리를 하거나 또는 요리를 하지 않고서도 쌀밥과 함께 먹을 수 있다. 그리고 카레(curry)를 만드는데도 사용될 수 있다.

■ 도돌(Dodol)

도돌은 두리안과 찹쌀가루, 홍설탕, 흑설탕 그리고 코코넛 우유를 혼합하여 만든다. 흔히 두리안은 혼합물의 20%정도 포함된다.

현대적 제품

■ 냉동두리안

냉동 두리안은 -23.2℃에서 제조되며, 약 2개월 정도 신선도에 피해가 없이 보관 가능하다. 그러나 해동이 되고 나면 두리안의 과육은 검게 변하고 부드러워진다. 두리안을 통째로 냉동시키는 것은 대량 저장시설이 필요하기 때문에 그다지 바람직하지 않다.

가장 좋은 저장방법은 두꺼운 껍질을 벗기고 -18℃에서 두리안 과육을 저장하는 것이다. 이렇게 하면 품질을 저하시키지 않고 1년간 보관이 가능하다. 냉동 과육을 식품으로 이용하기 위해서는 마이크로 오븐을 이용하여 적당한 온도로 3~4분간 해동하면 신선하게 보인다.

(http://www.steamykitchen.com; http://www.asianaisle.com;
http://www.shesimmers.com)

〈냉동 두리안 제품〉

인기가 있는 냉동 두리안은 씨앗이 제거된 '몬통' 품종과 씨앗을 함유한 '차니' 품종이다. 몬통의 경우는 과육이 두껍고 견고하기 때문에 씨앗을 제거하고 과육만을 냉동하는데, 차니는 과육이 얇아 전체를 냉동시킨다. 냉동 두리안은 미국, 캐나다, 호주 그리고 유럽으로 수출되고, 이들 국가에서 소비자의 대부분은 아시아인이다.

■ 두리안 파우더

씨앗과 분리된 두리안 과육은 파우더로 가공될 수 있다. 두리안 파우더를 준비하는 방법은 두 가지가 있다.

- 두리안 과육을 액체로 만들어서 분사하여 건조시키는 방법
- 두리안 과육에 물을 부어서 액체로 만든 후 건조 드럼통을 이용하여 6% 미만의 습도를 지닌 조각을 제조하는 방법

이와 같이 제조된 두리안 파우더는 아이스크림, 쉐이크, 비스킷, 케이크 등을 만드는데 사용된다.

두리안의 수확시기가 되면 두리안을 판매하는 가판대가 주택가 주위에 많이 생긴다. 또한 두리안은 사람들이 구매하기 편리한 슈퍼마

(http://www.ecplaza.net)

〈두리안 파우더〉

켓에서도 판매된다. 일반적으로 소비자들은 도로가의 가판대에서 판매되는 두리안이 선선하다고 생각하여 선호한다. 또 다른 이유는 두리안이 익지 않았거나 벌레가 있을 경우 그 자리에서 다른 것으로 바로 교환해 주기 때문이다.

두리안을 쪼개는 일은 참으로 힘든 일이다. 경험이 많은 사람들은 맨손으로 쪼갤 수 있거나 일반적으로는 칼을 이용하여 쪼갠다. 어떤 사람들은 지렛대처럼 움직여서 벌리는 스크루드라이버를 사용하기도 한다. 두리안 껍질이 쪼개지면 크림같이 부드러운 과육은 손으로 먹는다. 장갑을 끼거나 포크와 스푼 등으로 먹는 방법은 좋은 생각이 아니다.

(http://www.gsndev.org/archives/webs/duria)

<두리안을 쪼개는 방법과 도구>

<두리안의 과육 분리작업>

말레이시아인들의 생활에서 두리안을 먹는 것은 그 자체가 하나의 의식이다. 왜냐하면 두리안을 먹으면 열이 나게 하는데, 너무 많이 먹으면 인후염(咽喉炎)이나 두통 또는 고열에 걸릴 수 있다고 믿기 때문이다. 그렇기 때문에 많은 사람들은 두리안을 배불리 먹고 나서 껍

질에 물을 붓고 때로는 소금을 조금 넣어서 마시는 간단한 의식을 치른다. 이렇게 함으로 열을 내리게 할 수 있다고 믿는 것이다. 또한 두리안을 먹은 후에 두리안 씨앗과 함께 손을 흐르는 물에 씻으면 손에서 두리안 냄새가 나는 것을 제거할 수 있다는 믿음이 있기 때문이다. 두리안은 항상 말레이시아인들의 삶과 함께 숨쉬고 있다.

〈두리안 과육(상)과 필리핀 현지인들의 두리안 시식(하)〉

인터넷, 신문, 잡지 등으로부터 수집한 레시피를 정리하였는데, 여기 소개한 레시피 외에도 식당이나 가게에서 판매되는 두리안 디저트 종류가 많이 있다.

■ 두리안 아이스크림

재료 : 달걀 노른자위 4개
백설탕 9 티스푼
진한 코코넛 우유 450ml
두리안 과육 300g
휘핑크림 600ml
소금 약간
두리안 엑기스 1/2스푼(옵션)
노란색소 1/2스푼(옵션)

(http://wokkingmum.blogspot.com/2008/IV durian-puff-cum-ice-cieam.html)

〈두리안 아이스크림〉

요리방법 : 달걀 노른자위와 설탕을 섞어서 10여분 정도 휘젓는다.

코코넛 우유와 소금을 첨가해서 이중(중탕)냄비에 혼합물이 진해질 때까지 중간불로 끓인다. 이중냄비가 없으면 중국요리 냄비를 사용한다. 금속 여과기를 이용하여 혼합물을 걸러낸 다음 두리안 과질(그리고 엑기스와 색소)을 섞는다. 신선한 두리안의 과질을 만들기 위해서는 포크로 거칠게 으깬 후 휘핑크림에 같이 섞는다. 플라스틱 그릇에 이 혼합물을 넣어서 2시간 동안 냉동시킨다. 냉동기에서 끄집어내어서 아이스크림을 나무스푼으로 얼음을 거칠게 깬다. 그리고 다시 냉동시킨다. 이러한 냉동과 혼합의 과정을 적어도 3회 이상 반복한다.

▪ 두리안 사탕

재료 : 코코넛 1개
농축우유 1주석 캔
백설탕 400g
두리안 씨앗 10개 (과육만 취함)
버터 약간
노란색소

(Out of Town Blog, Davao Pasalubong Shopping)
〈두리안 사탕〉

요리방법 : 백설탕, 농축우유, 두리안 과육 및 약간의 노란색소를 냄비에 넣고 약한 불에 요리를 한다. 설탕이 분해되면 코코넛을 첨가해서 쉬지 않고 젓는다. 혼합물이 걸쭉하게 되면 버터를 바른 쟁반에 넣는다. 반죽이 뜨거울 때 납작하게 만들고 육면체 사탕으로 짜른다.

▪ 두리안 버터 케이크

재료 : 버터 250g, 저글루텐 밀가루 200g
백설탕 200g, 달걀 5개
베이킹파우터 1/2 스푼, 중탄산나트륨 1/4 스푼
커스터드 파우더 50g, 우유 4 테이블 스푼
중 글루텐 밀가루 40g

(http://hongskitchen.blogspot.com)

〈두리안 버터 케이크〉

요리방법 : 두리안 과육을 우유와 함께 섞은 후 중 글루텐 밀가루를 넣고 잘 혼합한다. 버터와 설탕을 잘 혼합하여 크림이 되게 한 후 달걀을 넣어서 잘 젓는다. 여기에다 두리안 혼합물을 넣고 혼합한다. 여기에 저글루텐 밀가루, 중탄산나트륨, 커스터드 파우터, 베이킹 밀가루를 잘 혼합한다. 그런 다음에 잘 붙지 않는 용기에다 넣고 180℃에서 45분 정도 또는 케이크 색깔이 황금색이 되도록 굽는다.

■ 두리안 커스타드

재료 : (코코넛 우유를 만들기 위한) 물 1리터

(코코넛 우유를 만들기 위해 갈은) 코코넛 1개

설탕 200g

커스터드 가루 100g

살구잼 1/2 컵

젤라틴 1 티스푼

두리안 엑기스 1 티스푼

(http://bakericious.blogspot.com; http://en.petitchef.com)

〈두리안 커스타드〉

요리방법 : 재료를 잘 섞은 후에 휘저으며 반죽을 만든다. 반죽은 색소를 첨가한 것과 색소가 첨가되지 않은 구분하여 만든다. 반죽을 오븐에서 180℃로 굽는데 무색 반죽은 둥근 철판에 15분간 굽고, 유색 반죽은 12 × 12cm의 철판에 12분간 굽는다. 유색 반죽과 무색 반죽을 교체해서 층을 만든다.

■ 두리안 크이(Durian Kuih)

재료 : 두리안 과육 500g

설탕 500g (맛에 따라서)

쌀가루 또는 밀가루 3/4 컵

코코넛 밀크 1 (요리용의) 볼 (컵보다 깊고 큰 용기)

판단 (pandan)[55] 잎 2개

(http://jasmeen.fotopages.com, http://virtualmalaysia.com)

〈두리안 크이〉

요리방법 : 두리안 과육이 아주 곱게 될 때까지 으깬다. 그런 다음 다른 모든 재료를 첨가해서 골고루 섞은 후 약한 불에 수분이 거의 없는 상태까지 끓인다. 그리고 쌀/밀가루를 첨가하여 계속 휘젓는다. 반죽이 냄비에서 붙지 않도록 해야 하며, 반죽이 마른 다음에는 냄비에서 들어낸다.

---

55 판단은 열대 지방에서 자라는 나무로 잎은 난초 잎처럼 가늘고 길다. 잎을 끓인 차는 신장에 좋다고 하고, 잎은 모자 등의 수공예 제품으로 이용되기도 한다.

■ 로티 잘라(Roti Jala)

News Straits Time (5/9/98)지에서 인용한 것이다.

재료 : 밀가루 1/2kg
달걀 2개
무가당 연유 작은 캔 1개
물 3컵
소금 1/2 티스푼

(http://hanamemories.blogspot.com, http://resepi.tipsone.com)

〈로티 잘라〉

요리방법 : 모든 재료를 섞는다. 이 때 섞은 반죽은 너무 걸쭉하거나 묽어서는 안 된다. 반죽을 팬에 펼쳐서 가장자리가 말려 올라가면 먹을 준비가 다 된 것이다.

■ 두리안 칩

두리안 칩은 우수한 품질의 과육으로 만들기 때문에 가격이 비교적 비싸다. 몬통 품종은 과육이 두껍고 단단하기 때문에 칩을 만드는 데에 가장 선호되고 있다. 최근에는 칩의 소비가 인구밀도가 높은 도시에서 많아지고 있는 실정이다.

덜 익은 두리안

↓

껍질의 분리

↓

씨앗 제거

↓

가종피(假種皮)를 얇게 슬라이싱

↓

기름에 8~10분 정도 튀김

↓

기름을 제거한 후 소금처리(선택사항)

↓

두리안 칩 완성

(http://www.foodmarketexchange.com)

〈두리안 칩 가공 순서〉

재료 : 성숙한 두리안

깨끗한 식용유

흰 소금

장비 : 두리안 껍질을 쪼개는 도구

과육을 자르는 칼

거르개

저울

밀폐(포장)시키는 기계

(http://www.houseofannie.com, http://www.tootoo.com, http://www.Alibaba.com)

〈두리안 칩〉

작업 : 두리안의 과육에서 씨앗을 제거하고, 얇은 칩을 만들기 위하여 과육을 슬라이서를 이용하여 균등하게 자른다. 뜨거운 오일에 갈색으로 변할 때 까지 칩을 프라이한 후 오일이 흘러내리도록 거르개에 올려놓는다. 소금 맛을 내려면 약간의 소금을 뿌리면 된다.

포장 작업 : 칩의 크기를 분류

무게 별로 포장해서 밀폐기계로 밀폐

■ 두리안 반죽

태국어로 '투리안 퀀'(Thurian Kwon)이라는 유명한 전통적 제품이 있다. 이 제품은 너무 익었거나 밑이 쪼개져서 날로 먹기에 인기가 없고 낮은 가격으로 유통되는 두리안 과육으로 만든다. 약 1년 정도의 저장이 가능하다.

재료 : 익은 두리안 과육과 설탕

(http://www.alibaba.com; http://www.thailandunique.com; http://www.auntyyochana.blogspot.com)

〈두리안 반죽 상품〉

장비 : 중국요리 냄비 또는 혼합기계
부엌용 여과기 또는 갈기 위한 강판
가스버너 또는 석탄 난로

요리방법 :

- 과육의 씨앗 제거
- 강판에 과육을 간 다음 단단한 부분 제거
- 중국요리 냄비에 넣고 30분간 섞음
- 단맛을 내기 위하여 설탕을 첨가(몬통 두리안 1kg에 100g의 설탕, 차니 두리안 1kg에 200g의 설탕)
- 건조되고 매끄러우면서도 손가락에 붙을 정도가 될 때까지 3시간 정도 휘저음
- 플라스틱 시트로 된 용기에 포장해서 뚜껑을 단단하게 닫음

포장 : 완료된 제품을 달아서 플라스틱 포대에 넣고 긴 실린더 같은 튜브 형태로 만들어 라벨을 붙임

(http://www.foodmarketexchange.com; http://www.dit.go.th; http://www.marketmanila.com)

■ 기타 두리안 가공품

두리안 과육을 냉동·건조시켜서 첨가물(additives)이나 방부제(preservatives)를 섞지 않은 제품을 태국을 비롯한 여러 나라에서 가공판매하고 있다. 두리안 가공품은 아침 식사용 곡물(breakfast cereal)에 사용할 수 있고, 조제식품, 샐러드, 낙농품, 제과점, 차, 감미료 등 다양한 곳에 사용할 수 있다.

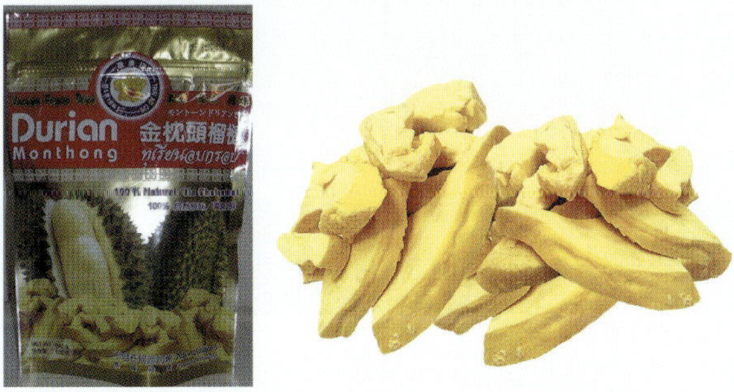

(http://www.thelittleteochew.com; http://www.tootoo.com/buy-dry_durian/)

<두리안 케이크(상)와 냉동건조 가공품(하)>

Chapter 7

두리안의 소득분석: 사례연구

두리안의 주요 생산국에서 두리안 소득분석에 관한 자료 입수가 충분하지 못하여 필리핀과 말레이시아의 경우를 간략하게 소개하고자 하였다. 두리안 가장 생산량이 많고 수출도 최대량을 점유하고 있는 태국의 자세한 자료를 여기에 수록되지 못함을 아쉽게 생각한다. 다만, 최근 2009년 9월에 인터넷 기사로 발표된 간략한 설명에 의하면 두리안의 조수입은 THB1,000,000/rai[56] 이고 생산비용은 THB200,000/rai 로 보고되어 소득은 THB800,000/rai 로 발표된 자료가 전부이다.[57] 하지만 이 자료에 의하면 소득률이 80%를 차지하고 있어 너무 높은 수치로 사료된다. 아래에서는 필리핀과 말레이시아의 자료를 소개함으로서 동남아 국가들의 두리안 생산에 관련된 소득 정보의 이해에 다소나마 도움이 되고자 한다.

---

56 타이 밧(Thai baht, THB)은 타이의 화폐이고(USD 100은 약 THB 3,100, 2011), 라이(Rai)는 태국의 면적 단위로서 1 rai = 0.16ha, 1,600m^{2}에 해당한다.

57 http://www.teakdoor.com, (2009)

■ 필리핀

(http://www.filipinolifeinpictures.wordpress.com/category/jeepney/page/3/)

필리핀이 동남아시아 전체의 두리안 산업을 대표하는 것은 아니다. 그러나 동남아 주요 두리안 생산국들과는 달리 필리핀은 두리안 생산량, 수확면적, 두리안 나무의 수 그리고 생산비와 소득분석 자료를 공개하고 있기 때문에 참고적으로 간략하게 분석하고자 한다.

두리안의 생산량을 살펴보면 지난 1999년의 26,693톤 수준에서 10년 후인 2008년에는 51,399톤으로 약 93%가 증가한 것으로 나타났는데, 이는 연평균 9.3%의 빠른 증가율을 의미한다. 더 놀라운 것은 두리안 재배면적이 약 3배 정도 크게 증가했다는 사실이다. 두리안 나무가 열매를 맺기까지 대개 5~6년 이상 걸리고 그 때의 과실수도 2~10개 정도이기 때문에 식재면적이 크게 늘어나더라도 수확량이 반드시 비례적이지 않음을 알 수 있다.

■ 두리안 생산량, 수확면적, 나무 수(1999~2008)

년도	생산량(톤)	수확면적(Ha)	나무 수(數)	농가수취가격 (PHP/kg)
1999	26,693	5,947	301,652	-
2000	25,764	7,010	343,642	54.93
2001	27,037	9,591	383,388	33.18
2002	31,638	10,266	430,348	39.60
2003	39,817	11,524	489,945	38.68
2004	40,907	12,996	542,689	33.07
2005	47,296	13,769	583,668	27.43
2006	48,465	15,673	609,814	31.58
2007	73,250	17,167	649,947	27.23
2008	51,399	18,371	638,854	32.62
'08/'99	1.93	3.09	2.12	0.59

자료 : Bureau of Agricultural Statistics (BAS), Philippines.

■ 두리안 수확면적과 생산량(1999~2008)

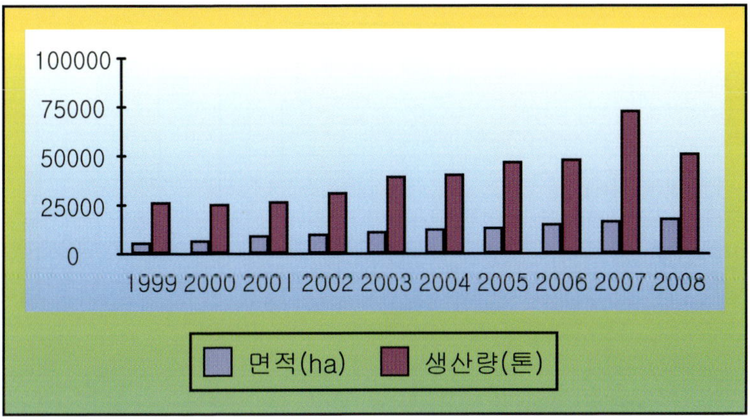

한편, 두리안 나무 수(數)는 같은 기간에 301,652에서 638,854로 약 112%가 증가된 것으로 밝혀졌다. 전반적으로 많은 면적이 증가되면서 두리안 나무의 수도 빠르게 증가하는 추세를 보이고 있는 것이다. 결국 생산 및 공급이 크게 증가하면서 수요공급의 원리에 따라서 두리안의 농가판매가격도 증가하기보다는 오히려 감소 내지 보합세를 보이고 있다. 예를 들어서 2000년도에 PHP54.93/kg이던 가격이 2001~2008년 기간에는 PHP27.43~39.60/kg의 범위에서 보합세를 유지하고 있다.

그리고 두리안 생산농가의 조수입을 살펴보면 1998~2007년 사이에 최소 PHP93,534, 최고 PHP205,583의 변화를 보이고 있다. 이 기간 동안의 평균 조수입액은 PHP128,273 수준인데, 지난 2004~2007년 사이에는 이 평균수준을 하회하고 있다. 같은 기간에 생산량이 크게 증가하면서 농가수취가격이 하락한 결과 2004~2007년의 평균 가격이 PHP2,983로 하락하였다.

■ 필리핀의 두리안 나무 수(1999~2008)

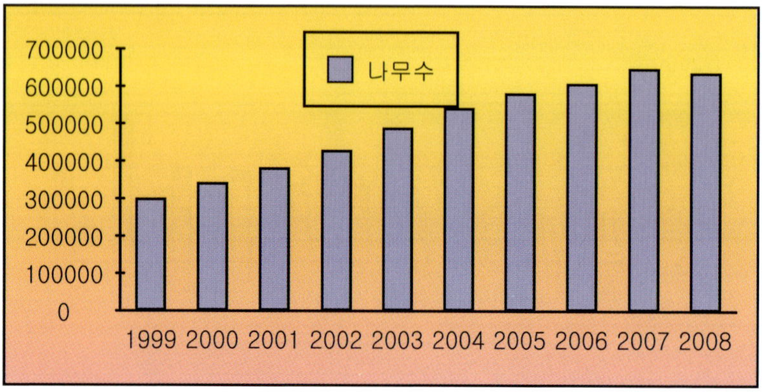

■ 두리안의 생산비와 소득분석

년도	TC	GR	RCC	RCNC	NR	NP/C	C/Kg	Y/Ha	FP/Kg
1998	60,362	205,583	194,660	157,054	145,221	2.41	10.03	6,020	34.15
1999	49,588	114,354	103,748	74,998	64,766	1.31	11.05	4,488	25.48
2000	66,932	201,593	189,962	151,243	134,661	2.01	18.24	3,670	54.93
2001	51,205	93,534	81,297	54,533	42,329	0.83	18.16	2,819	33.18
2002	56,615	122,047	109,624	79,168	65,432	1.16	18.37	3,082	39.60
2003	60,240	133,639	119,718	87,413	73,399	1.22	17.44	3,455	38.68
2004	59,691	104,104	87,651	57,866	44,413	0.74	18.96	3,148	33.07
2005	61,583	94,222	75,280	45,579	32,639	0.53	17.93	3,435	27.43
2006	64,262	97,645	78,392	47,464	33,383	0.52	20.78	3,092	31.58
2007	67,043	116,190	96,193	62,669	49,147	0.73	15.71	4,267	27.23
'07/'98	1.11	0.57	0.49	0.40	0.34	-1.68	1.57	0.71	0.80

주 : TC - total costs; GR - gross returns; RCC - returns above cash costs; RCNC - returns above cash and non-cash costs; NR - net returns; NP/C - net profit/cost ratio; C/Kg - cost per kg; Y/Ha - yield per ha; FP/Kg - farmgate price(PHP/kg).

자료 : Bureau of Agricultural Statistics(BAS), Philippines.

이는 2000~2008년의 평균 가격 PHP3,537/kg 대비 15.7%가 낮은 수치이다. 한편생산비는 1998~2007년 사이에 PHP10.03/kg에서 PHP 15.71/kg로 57%나 증가하였다. 동기간 산출고는 6,020톤/ha에서 4,267/ha로 29%나 감소되었으며, 최종적으로 농가수취가격은 PHP34.15/kg에서 PHP27.23/kg으로 20%나 하락하였다. 즉, 단위당 생산비는 인상되었으나 산출고는 하락하고 농가수취가격은 20%나 감소함으로서 두리안의 채산성이 최근 들어서 악화되고 있음을 보여주고 있다.

참고로 필리핀에서의 두리안 농장 조성비는 156그루/ha를 기준으로 약 PHP65,000이 소요되는 것으로 발표되었다. 이러한 두리안 나무는 4년째에 열매가 열리기 시작하며, 식수 후 5~6년이 되면 식수비의 회수가 시작된다. 위에서 살펴본 바와 같이 농가수취가격은 PHP30~60/kg으로 보면 된다(PCARRD, 2003).

전체적으로 보면 경영비와 자가노임에 대한 분리가 되어 있지 않아 경영비를 총생산비로 간주할 경우 소득률은 2007년의 경우 약 42.3%로 추정되고 있다. 물론 여기에서 자가노임을 분리시키고 경영비를 별도로 도출할 수 있다면 소득률은 다소 높아질 수 있을 것으로 보인다.[58]

■ 필리핀 두리안 농가 조수입과 총비용 (단위 : PHP)

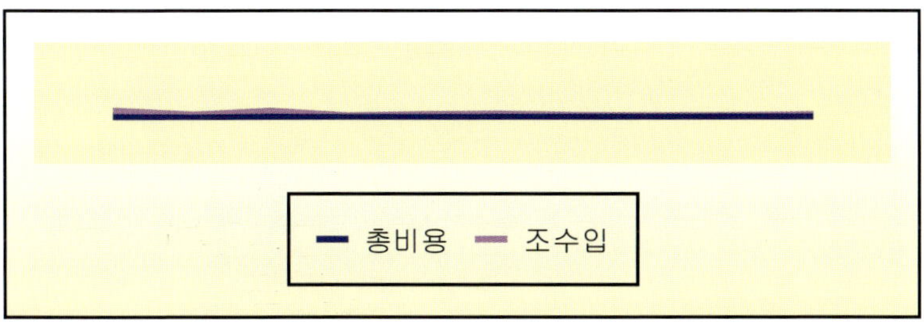

58 참고로 최근 2010년 한국의 과수작목의 소득률은 감귤 70.7%, 노지포도 68.0%, 복숭아 67.8%, 단감 67.5%, 사과 61.9%, 배 59.1% 등으로 나타났다(2010 농축산물소득자료집, 농촌진흥청, 2011.08).

■ 두리안 단위당 생산비와 농가수취가격 (PHP/kg)

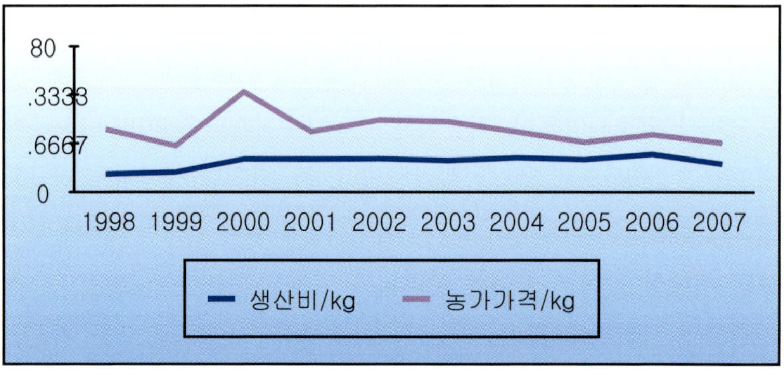

■ 말레이시아 : 농가샘플 자료

(http://www.csc.gov.sg/html/Newsletter/mayjun2009/c17.html)

대부분의 말레이시아산 두리안은 국내 시장용이지만 싱가포르, 호주, 중국 및 기타 국가로의 수출이 증가추세에 있다. 두리안은 포장 전에 '쾌속냉동기술'(Quick Freezing Technique)로 가공하여 외국으로 수출한다. 아래에서는 과거 20년의 축적된 자료를 중심으로 말레이시아 조호르(Johore)州의 Mr. Anem이 작성한 두리안 농장경영 내용을 정리한 것이다.[59] 이 자료와 관련된 문제는 과거의 자료를 현재가치로 정리한 것이 아니라는 것이다. 말하자면 20년 전의 생산량과 2010년의 생산량에다 동일한 현재의 가격을 곱하여 소득을 구한 것이다. 생산비도 비슷한 문제점을 지니고 있다. 그러한 의미에서 순현재가치(Net Present Value)[60]가 아니라는 자료의 한계점을 인식할 필요가 있다.

- 분석시점 : 2010. 6. 15.
- 농장개요 : 두리안 나무 식수간격 9m × 9m
- 식수 밀도 : 123 그루/ha
- 산출고 : 113,725kg/ha ☞ 5.69톤/ha/yr.
- 20년간 농가 총조수입/ha : RM284,312.50 (단가 - RM2.50/kg)

이미 언급한 대로 이 분석이 정확한 순현재가치(NPV)에 대한 분석

---

59 http://animagro.blogspot.com/2010

60 모든 현금수입과 지출은 현재가치(PV: present value)로 할인되어서 합하게 되는데 이것이 순현재가치(NPV)이다. 그 공식은 다음과 같다.

$$NPV = \frac{R_t}{(1+i)^t}$$

여기에서,

t - 현금수입의 시기

i - 자본의 기회비용, 즉, 할인율

R_t - t기에 발생하는 순현금수입

이 아니기 때문에 두리안의 정확한 소득분석은 아니지만, 주어진 자료를 기초로 두리안의 소득률을 계산하면 다음과 같이 할 수 있다.

먼저 경영비는 총생산비에서 자가노력비를 차감한 금액이다. 그러나 본 자료에서는 자가노력비를 별도로 표시하지 않았다. 그렇기 때문에 여기에서는 총생산비와 경영비를 동일한 금액으로 가정할 수 있다. 그 결과, 연간 조수입과 경영비 그리고 소득을 다음과 같이 계산할 수 있다.

연간 조수입/ha = RM14,215.63

연간 경영비/ha = RM7,773.18

연간 소득/ha = RM6,442.45

$$\text{연간 소득률} = \frac{\text{소득}}{\text{조수입}} \times 100 = 45.3\%$$

■ 말레이시아 두리안 소득-지출 분석

두리안 20년간 수입-지출내역 (RM/ha)		
농가조수입	비 용 내 역	
284,312.50	**① 초기농장개발비**	**14,069.00**
	- 토지정리	2,000.00
	- 배수로시설	1,200.00
	- 경지준비/경운	1,000.00
	- 저장시설	500.00
	- 관개시설	9,000.00
	- 구획정리 및 식수	369.00
	② 투입요소비	**73,146.53**
	- 묘목비 (단가 RM5/tree)	676.50
	- 비료비	
	* CIRP	23.37
	* 유기비료	13,868.25
	* GML	2,255.82
	* NPK 15:15:15	2,182.64

	* NPK 12:12:17:2 - 살충제/살균제 - 제초제 - 농기구	44,649.00 5,299.20 3,831.75 360.00
	③ 노력비 - 퇴비살포비 - 병해충방제비 - 제초비 - 전정비 - 수확비 - 유지비	**41,745.00** 8,100.00 5,040.00 3,435.00 4,560.00 2,110.00 18,500.00
	④ 기타 - 연료비 - 토지임차료/세금	**19,100.00** 9,100.00 10,000.00
	주비용: ①+②+③+④ (A) **추가비용(5%)** (B) **총생산비** (C)=(A)+(B)	**148,060.53** **7,403.03** **155,463.56**
농가순수입(20년)/ha		**128,848.94**
농가순수입/년/ha		**6,442.45**

주 : CIRP - Malaysia의 ANCOM BIOSCIENCE SDN. BHD. 회사의 비료.
GML - Malaysia GROUND MAGNESIUM LIMESTONE.

결국, 두리안의 소득률은 최소한 45.3%로 나타난 것이다. 이것은 한국의 과수산업에서 얻을 수 있는 소득률 59~71% 수준에 비하면 그다지 높은 수준은 아니다. 그러나 만일 경영비에 포함되었을 것으로 짐작이 되는 자가노임을 차감할 경우에는 더 높은 소득률이 될 것으로 사료된다.

참고문헌 및 자료

국립원예특작과학원, http://www.nihhs.go.kr/farmer/technology.

네이버 백과사전, online.

농촌진흥청, 「2010 농축산물소득자료집」, 2011.08.

Anim Agriculture Technology, ***Durian Clones in Malaysia***, 2010.08.05

Baldry, J., J. Dougan and G.E. Howard. 1972. Volatile flavoring constituents of Durian, ***Phytochemistry*** 11(6):2081-2084.

Bao Sheng Durian Plantation, http://www.durian.com.my/durian/

Berita Harian (Bahasa Malaysia), http://www.jaring.my/bharian/

Durian Breed Varieties, http://www.foodmarketexchange.com

Durian Community Planters, http://gsndev.org/archives/webs/durian/nfplanters.html.

Durian fruit nutrition facts, http://www.nutrition-and-you.com

Durian On-Line (DOL), http://www.ecst.csuchico.edu/~durian

Exotic Fruit Farm, http://www.capetrib.com.au.

Food & Fertilizer Technology Center, ***Managing Phytophthora Disease of Durian***, Philippine Council for Agriculture, Forestry and Natural Resources Research and Development, Los Baños, Laguna, Philippines 4030, 2011.

Nguyen Minh Chau, Huynh Van Tan, Huynh Van Thanh, ***Practice in durian nursery in the Southern Viet Nam***, The Southern Fruit Research Institute, Box 203, My tho, Tien Giang, Viet nam.

MARDI(Malaysian Agricultural Research and Development Institute), Morton, J. 1987. ***Durian***. p. 287 - 291. In: ***Fruits of warm climates***. Julia F. Morton, Miami, FL.

Morton, J. ***Durian***, 287 - 291. In: F***ruits of warm climates***. Julia F. Morton, Miami, FL.

Moser, R., D. Duvel and R. Greve. 1980. Volatile constituents and fatty acid composition of lipids in *Durio zibethinus*. ***Phytochemistry*** 19(1):79-81.

New Straits Times, http://www.nstpi.com.my.

Plant Propagaton, ***Cleft Grafting***, http://aggie-horticulture.tamu.edu.

Production and Marketing Situation, http://www.dit.go.th.

Sin Chew Jit Poh (Chinese), http://www.rhmedia.com/sinchew/

Subhadrabandhu, S., ***Durian: King of Tropical Fruit***, Department of Horticulture, Kasetsart University, Bangkok, Thailand, May 2001.

Tan Kim Hock, http://www.jaring.my/dodol.

Thai Fruit: ***Durian***, 2011. http://www.thaiwaysmagazine.com.

Thailand Institute of Science and Technology Research, 2011.

The Global Schoolhouse, http://www.gsn.org.

The Malaysian National Library, http://www.pnm.my.

The Philippines Recommends for Durian, Philippine Council for Agriculture, Forestry and Natural Resources Research and Development (PCARRD), DOST, 2000.

Transplantation of Durian Abroad, http://www.durian.net/durian_sale.htm.

Varieties of Durian, http://www.dit.go.th/agriculture/durian/varietie.htm.

Visit Malaysia Cyber Campaign, http://www.pahlawan.com.my.

Wong, K.C. and D.Y. Tie. 1995. Volatile constituents of durian Durio zibethinus Murr. ***Flavor and Fragrance Journal*** 10(2):79-83.

World Durian Situation, ***Production and Marketing Situation***, http://www.dit.go.th.

http://www.angelfire.com/hi/TheSeer/seratonin.html.

http://auntyyochana.blogspot.com/2006/09/snow-skin-pure-durian-paste-moon-cake.html.

http://www.chemeurope.com/en/encyclopedia/Durian.html.

http://www.dit.go.th/english/durian/harvest.htm.

http://www.geocities.com/Athens/Agora/8378/

http://www.JuiceFeasting.com, October 7, 2007.

http://www.malaysia.com/durian-food.html.

http://www.mardi.my Official website of MARDI, 2011.

http://www.marketmanila.com

http://www.mixph.com/2008/07/best-durian-farm-practices-and-other-tips.

http://www.navigasi.net/goart.php?a=ffdwarso&l=en.

http://stinkyspikes.wordpress.com/2009/07/23/my-baby-durian-seed-is-germinating.

http://teakdoor.com/farming-and-gardening-in-thailand/92164-durian-farming.html.

http://www.tropical-seeds.com.

日本 国際農林業協力協会,「熱帯果樹栽培ハンドブック」, 1996.

日本 文部科學省,「五訂增補 日本食品標準成分表」, 2005.

塚谷裕一, ドリアン-果物の王, 2006.

■ 저자

박준근 (Joon-Keun Park)

University of Tennessee 농업경제학 박사
전남대학교 농업생명과학대학 농업경제학과 교수
농업생명과힉대학 힉장 역임

안기완 (Ki-Wan An)

Hokkaido University 산림정책학 박사
전남대학교 농업생명과학대학 산림자원학부 임학전공 교수
농업생명과학대학 부학장 역임

안영상 (Young-Sang Ahn)

Hokkaido University 산림환경보전공학 박사
전남대학교 농업생명과학대학 산림자원학부 임학전공 조교수
前) 국립산림과학원 근무

열대과일 시리즈 I

두리안 DURIAN

인쇄 | 2012년 2월 10일
발행 | 2012년 2월 15일

저자 | 박준근 · 안기완 · 안영상
Joon-Keun Park, Ki-Wan An, Young-Sang Ahn
발행 | 김윤수
발행처 | 전남대학교출판부 Chonnam National University Press

등록 | 1981. 5. 21. 제53호
주소 | 500-757 광주광역시 북구 용봉로 77
전화 | (062) 530-0571~3
팩스 | (062) 530-0579
홈페이지 | http://altair.chonnam.ac.kr/~cnup

값 15,000 원

ISBN 978-89-7598-993-3 (93520)

이 도서의 국립중앙도서관 출판시도서목록(CIP)은 e-CIP홈페이지(http://www.nl.go.kr/ecip)와 국가자료공동목록시스템(http://www.nl.go.kr/kolisnet)에서 이용하실 수 있습니다.
(CIP제어번호: CIP2012000623)